加 法

文笔家/时间旅行专门书店/店主

（日）藤冈南 著 张岚 译

断舍离

1天增加
1件生活用品
100天里获得的
100个感悟

辽宁科学技术出版社

·沈阳·

©2023，辽宁科学技术出版社。

著作权合同登记号：第 06-2023-37 号。

图书在版编目（CIP）数据

加法断舍离 /（日）藤冈南著；张岚译 . —沈阳：
辽宁科学技术出版社，2023.8
ISBN 978-7-5591-3077-8

Ⅰ.①加…　Ⅱ.①藤…　②张…　Ⅲ.①人生哲学—通
俗读物 Ⅳ.①B821-49

中国国家版本馆 CIP 数据核字（2023）第 116562 号

出版发行：辽宁科学技术出版社
　　　　　（地址：沈阳市和平区十一纬路25号　邮编：110003）
印　刷　者：辽宁新华印务有限公司
经　销　者：各地新华书店
幅面尺寸：145mm×210mm
印　　张：6.5
字　　数：150千字
出版时间：2023年8月第1版
印刷时间：2023年8月第1次印刷
责任编辑：康　倩
版式设计：袁　舒
封面设计：朱晓峰
责任校对：徐　跃

书　　号：ISBN 978-7-5591-3077-8
定　　价：45.00元

联系电话：024-23284367
邮购热线：024-23284502
邮　　箱：987642119@qq.com

作者介绍

藤冈南

◎ 作家、广播主持人。2015年《广播节目表》获得
"喜爱的DJ排行AM部门第1名"。

◎ 喜欢时间SF和绳文时代，认为读书和遗迹巡游是
现实中的时间旅行。于是，在2019年开设了时间
旅行专门书店utouto。

◎ 1988年出生。毕业于日本上智大学综合人类科学
部。学生时代开始制作影像，担任纪录片《不够
啊》（2018）、《keememej》（2021）的制作人。

◎ 著作有《查帕拉尔群落（Chaparral）的风格：改
变人生的工作方式》《藤冈南的探店行动！in北海
道》。

日文版图书工作人员

设计：圆三角
DTP：荒木香树
图片、插画：藤冈南
校正：丰福实和子
助理：SANMYUUJIKKU

篇首语

本书虽然旨在传授整理的奥义，但并非规劝读者成为极简主义者。或许，这本书有点儿类似于100天的生活记录。而在这100天里，我尝试着感受了无人岛生活的滋味。不不不，我并不是真的去了无人岛。其实，我一直窝在家里。

虽说一直在家，也需要挑战生存的极限。这100天的生活规则，是从随身物品接近于零的状态开始，然后每天增加1件生活用品。说来，做这件事情的契机是电影《100天的简单生活》委托我创作画外音的文稿。

平时，我会撰写一些文字，也会从事电台主播、纪录片监制等工作，偶尔也会受邀写一些电影或书籍的读后感或推文。《100天的简单生活》这部电影，正是一部随身用品从零开始，然后一件一件增加的生活纪录片。后来，还被翻拍成了电视剧《365天的简单生活》，剧中讲述了两位主人公挑战这样的生活方式，并相互竞争，看谁坚持的时间更长一些。

是呀，我们都认为随着生活用品的增加，日子会变得越来越轻松快乐。事实真的如此吗？我看完电影以后的最大感想就是："我也想试着挑战一下！"尽管只是被邀请写一篇画外音而已。就我个人而言,是那种喜欢挑战和尝试的性格。我曾经突发奇想跟着视频学习怎么掰弯勺子,也曾经深受绳文时代文化的影响开始制作土器,更曾经买来种子自己栽培超市里的那些蔬菜。

本来我家的状态与"简单生活"大相径庭:盛饭勺都有 8 个之多,就连十多年都没穿过的衣服也不舍得扔掉。越是琐碎的东西越是想留在身边,原来自己的性格里还有这样不为人知的一面。冷静地想一想,好像我不太能忍受身边空无一物的生活。

2020 年夏末,我开始了这次挑战。受新冠疫情的影响,几乎所有的工作都被推到了远程办公的状态,更别提说走就走的旅行了。那段时间,我常常感到闭塞和沉闷。有一天我忽然意识到,不能外出寻找灵感那就只能向内探究内心了。现在看来,当时的直觉是正确的。所谓 100 天的简单生活挑战,仿佛在内心深处进行了一场酣畅淋漓的冒险。

在电影中,设定了"把家中所有物品都存入仓库,每天仅可取出 1 件"的规则。我嫌麻烦,选择了另租一间空房子来挑战的方法。除此之外,还有很多不得不考虑的事情。例如,我需要通过网络进行实况汇报,要尽量减少对家人的影响,而且还不能因为空无一物就全裸入场。这些明显不切合实际，因此最开始的时候，我穿戴整齐，携带了通话设备、口罩和消毒液。

如此这般，难度已经下降了很多。但在没有被褥、厨具等基本生活用品的生活里，难题接踵而至。在接连不断的挫折中，我深深感受到人生归零，然后绝地求生的新鲜感。

规则

• **每天从家里取出 1 件物品**

• **可以购买食材（每种调味料都算作 1 件物品）**

• **水、电、燃气等生活设施齐全**

• **设定最低限度的初始装备**

• **期限为 100 天**

当身处空无一物的房间中时，我才意识到，原来自己忽略了这么多细节。有生以来，我第一次认真思考何为"生活"。生活，并非只是活着而已啊！

例如

· 冰箱是时间机器

· 在生活必需品尚未收集齐全的时候，第 9 天就想要读书了

· 意料之外，我并不需要电饭煲和钱包

· 原来洗衣机最重要的功能不是"清洗"，而是"脱水"

· 在空无一物的房间，1 小时好像 4 小时那么漫长

在这 100 天的旅途中，我丧失的感性复活了，时间的流逝回到了正轨。

在本书第一部分中，我记录了从第 1 天到第 100 天分别选择了什么物品，以及当时的感受。第二部分中，我记录了在这 100 天当中获得的 100 个感悟。

这次挑战给我留下的东西，让我很难随意说出"大家来读读看呀"这样的话。如果各位读者能在这本书中获得"重新发现生活真谛"的感受，我将不胜欢喜。

目录

第1部分

100 天简单生活的记录
一天 1 件，实际上拿到房间里来的 100 件物品

第 2 部分

100 天后的 100 个发现

不是在减少，而是在逐一增加的

过程中意外发现的物品意外价值和生活理想

衣

关于服装鞋帽的发现

——穿、戴、时尚、保暖、洗涤

食

关于食物的发现

——吃、喝、做、盛、保存、调味

住
关于居住的发现
——房间、空间、内饰

时

关于时间的发现

——增加时间的工具、减少时间的工具、感受时间的方法

洁

关于个人卫生和扫除的发现

——洗澡、化妆、打扫卫生

动

关于工作的发现

——热情、整理思路

乐

关于娱乐的发现

——听音乐、看电视、宅在家

读
关于读书的发现
——书、书架、阅读

物
关于道具与简单生活的发现
——有、无、物欲、理想的生活

100天
简单生活的记录

一天1件，实际上拿到房间里来的100件物品

被褥

终于到了这一天。确定去做的时候心无疑虑，可我真正来到为挑战新生活而准备的房间以后，不由得心生惶恐。真的什么都没有啊！真的要在这里生活吗？情不自禁地一句"这可怎么办啊"，在空荡荡的房间里回荡。

第一天，我选择了被褥。从某种意义上来说，这一瞬间我意识到人生中最重要的东西是被褥。在地板上连续坐上半天，臀部已经失去了知觉。我满脑子想的都是：如此这般，晚上绝对无法安眠的事情。被褥折叠起来以后，还可用来作沙发。于是空无一物的房间里便有了被褥。貌似空巢青年无可奈何的选择，但却意外地带给我极大的满足感。总算可以好好坐、好好睡、好好休养生息了。

可是在处理好工作、料理好家事以后，自由时间竟然无事可做。没有钟表，一直纠结到底是几点了。感觉自己好像到了某种修行的寺庙一样。第 1 天，想要的东西太多啦！无论做什么都要用工具才行啊！特别是脱离了智能手机这个万能工具以后，仿佛整个人进入了极致虚无的状态。超级无敌想要手机！可又觉得如果马上拿到手机，就没办法领略这次修行的精髓。深思，两手空空的自己，陷入了空无。

2天 牙刷

如果真的是在无人岛上，不会在第 2 天就选择牙刷。但毕竟这里不是无人岛，我还是生活在社会群体中的。如果没有牙刷，不仅口腔环境堪忧，整个人的状态都不会好起来。不能原谅自己不刷牙的生活状态。

时隔 1 天以后再刷牙，对刷牙的热情大幅提高。面向洗面台，鼻孔出着气，心中默念："我！要从现在开始！行使！刷牙权！"每次吃饭以后，都在想："或许这就是刷牙的好机会！行动！"

第3天 | 运动鞋

本来今天必须要一条毛巾。可是一清早家人就跟我说"要去公园",所以只能选择了运动鞋。反正是迟早需要的东西。我觉得,白色的运动鞋与什么款式的服装搭配都至少能拿到60分。

到了公园以后,我手里被儿子塞满了橡子。随身物品少得可怜,但是手里的橡子却越来越多。到了第3天,我成了绳文人啊!因为要去公园,所以才拿回了一双运动鞋。要是没有鞋子的话,世界对于我可能仅限于家里吧。

但是一直没有毛巾这件事儿还是令人困扰。洗完澡、洗完头,因为没有毛巾,就只能像小狗一样物理甩干。幸亏我的头发短,但即便如此,顺着手背流下来的水滴也还是让人很不舒服。此外,洗完脸以后不能擦干这件事儿,很让我愤懑。脸上湿乎乎的,做什么都没有心情。幸好这个季节干得也快。

房间里没有手机、没有娱乐设施,短短1小时就能让人感觉到茅塞顿开、醍醐灌顶之妙。睡觉吧。

4天 浴巾

脸、头发、身体，都能擦干了！擦干带来的小确幸！心心念念的浴巾终于到手了。因为期盼已久，平时出浴都是只用小号毛巾的我，今天在欲望的驱使下拿来了一条大浴巾。但这种大浴巾叠起来可以当枕头用，冷的时候可以当毯子用，功能简直太强大！

说到枕头，真的好渴望啊！第一天的时候，我以为没枕头也无伤大雅，可是半夜梦醒时分，真的会无意识地寻找枕头。

最近天气寒凉，有了能盖在身上的东西使我暗自欣喜。特别浴巾盖在头顶上带来的安心感，真的特别值得铭记在心。人类，一定生来就有"想被什么包在里面"的欲求。

5 天 | 卫衣连衣裙

我盖着浴巾睡觉，夜里觉得好冷，下定决心明天要拿一件更暖和的衣服回来。

今年年初的时候，曾在优衣库买了一件暗粉色的卫衣连衣裙。当时一见钟情。现在想来，两侧的口袋真的太实用了！两

侧有小口袋，基本上就等于随身携带了包包。可是对于现在的我来说，这个功能貌似有点儿奢侈。用来放什么呢？身边什么都没有。橡子？不管怎么说，这件卫衣连衣裙到手，我还是十分欣喜的。

洗衣服的时候出现了大问题。卫衣连衣裙质地厚实，洗了以后拧干很麻烦，也很难晾干。初期装备里有一件 T 恤连衣裙，手洗晾干（浴室干燥机是家里的附赠品，真是帮了大忙）以后全是褶皱，也挺让人头疼。由于自己缺乏生活技巧，洗衣服的时候很担心会伤了衣服的质地。或许不久的将来，我会选择拿回洗衣机吧。

6天 Mac Book

因为"远程亲人集结令"，于是迎来了电脑解封。刚巧想要开始记录每一天的生活了，时机也算是恰到好处。

说到"远程亲人集结令"，是因为以往我们每年都要到祖父母家集合，今年在种种影响之下开发出了"远程扫墓"。大家反响很好，所以商定好要每月集结一次。新冠疫情之下，人与人之间很难跨越空间的鸿沟，这就给网络提供了大显身手的机会。

拿到电脑以后，愕然发现我好想要一张桌子。物品会呼唤物品呀！电脑对我来说，并没有像手机那么顺手。但相信我以后一定会了解更多的电脑操作技巧。我想再享受几天没有手机的日子，体验一下心思沉静的感觉。

7天 指甲刀

这是一场发生在深夜的意外事故。我以为可以不用枕头睡觉，白天自信满满，但晚上总是不自觉地伸手寻找枕头。抓空几次以后，才能反应过来我正在体验简单生活，然后重新平躺着睡去。

这个动作重复几次以后，手重重地撞到了墙壁上，拇指的指甲劈了一点儿。看起来无伤大雅，但对我来说却无法容忍，疼痛的感觉也让人无法忽视。我不由得想起穗村弘先生的短歌："头发飞进嘴里的时候，感觉世界无比狰狞。"指甲劈了以后，就连擦鞋这点儿小事都会让人感到莫名的绝望。进而，对因为这种事情感到绝望的自己感到绝望。

虽然新的一天刚刚开启，我就决定好了今天需要的物品是指甲刀。哎呀呀……明明能联通世间万象的手机排在第一位来着，结果被指甲刀抢了前面……虽然有点儿懊恼，但想想假设10天剪一次指甲，那么100天里也会用到10次。加上脚的话，就是20次了吧。原来，手和脚要分开来统计呀！

8天 绒毯

唉，怎么忽然就冷了！我小瞧了秋天。在不可抗力的影响下，拿回了一条绒毯。跟昨天一样，所选的物品都有着情非得已的原因。

但是绒毯可真不错。有温暖的温度和温柔的触感，小小一张就能让人感到踏实。而且还可以机洗。说到这里，我还没有洗衣机。

100天里，只能拿到100个物品。我只能拼尽全力在每个不得不做出抉择的时刻，决定好究竟要什么。这个想法不禁让我有点儿担心。

9天 《读书日记》

太好啦！这几天一直犹豫不决，没有锅、没有洗发水、没有洗衣机，但是拿回了一本书。指甲劈了，取回指甲刀。太冷了，取回绒毯。经过没有自由选择权的两天，我可能有点儿叛逆了。既然有 100 天里

只能取出 100 个物品的规定，应该没几次选择书的机会，所以干脆挑了一本厚厚的书回来。1100 页，像枕头一样厚，虽然我不会把它当成枕头。我很想在这样的环境里，重新了解一下读书对自己究竟意味着什么。

我知道手边没书会心中不安。即便如此，在这样的生活状态下第一次拿回书时的快乐，还是远远超过了自己的预期。这让我小小地吃了一惊。平日都是跟 2 岁的孩子一起细数时光，只有在他全神贯注于 65 片的拼图上，或者专注地摆放所有的 TOMI-Car 的时候，我才能有些许翻书的时间。太棒啦！打开心灵之窗，迎面吹来阵阵清风。整日耳鬓厮磨，难免互感疲劳，偶尔能松一口气，实在是很舒服。只需 5 分钟都能非常欣慰。没有手机和电视的夜晚，自由时光无限膨胀。一书在手，就再也不是虚无的修行了。

10 全身浴液
天

清水洗浴的日子终于结束
了。这是一瓶集洗发水、浴液、
洗面奶三效合一的优秀产品。可
以说，这瓶产品的价值可以在这
100 天生活里折合最少 3 天的价
值。由衷感谢！慌乱的时候，可
以省去使用护发素和吹风机的
流程，这正是我无法放弃短发的原因。

洗完澡出来，与清水洗浴的那几天不同，心中油然升起"我
是闪闪发光的"自豪感！能用泡泡洗澡真开心。原来，好好洗澡
意味着好好爱自己，是一件充满仪式感的事情啊！

11天 洗衣机

虽然可以克服手洗的困难，但是卫衣等厚重的东西太难拧干了！

最近切实感受到，洗衣机的洗净功能固然重要，但是脱水能力更加实用。完成干燥程序后，取出的衣物温热而蓬松，真是爱了爱了！我觉得自己受到了洗衣机的宠爱。脏衣服也因为受到了洗衣机的祝福而重获新生。这种感觉真幸福啊！

开始这种生活以后，好像更能从琐碎的生活中感受到幸福了。这种感觉，与那种"要对理所当然的事情心怀感激"的口号略有不同。毕竟在每一个崭新的日子里，我都可以获得新鲜的喜悦。

生存、生活，并非阶梯式上升的关系，但如果生活的基本要求得不到保障，心中的郁闷一定会占上风。真的好想要手机啊（烦恼）！

12 天 雪平锅

总算轮到厨房了。平素，我就觉得用半成品来做饭轻松又愉快，这十几天来竟然完全都不想做饭了。不做饭，给人一种临时生活的感觉，多少有些不接地气。

一柄宫崎制作所出品的不锈钢雪平锅，我用它来做汤喝。咕嘟咕嘟的白色蒸汽升腾起来，蔬菜的美味一丁点儿都不会从这片银色的锅中逃离。

也同样是这一柄锅，还可以用来煮饭。熟得很快。很久没有自己煮饭了，热腾腾的饭香太迷人了，让人想一头沉迷进去。

"那么，就开动了！"正准备大快朵颐之际，惊讶地发现没有勺子也没有筷子！原来如此。吃饭也好，做饭也好，终究还是需要筷子呀。没办法，只好等饭凉了以后，做成饭团子啃着吃了。

13天 筷子

小锅到手，"却没有筷子"！在这样的情况之下，第二天赶紧找来了筷子。

可以用来做饭，也可以用来吃饭。这样一想，发觉自己平时并没仔细思考过"筷子"这个工具的妙处。好像筷子的存在理所应当，就像空气和重力一样。

有了筷子，能马上搅拌烫手的食材。也能轻松完成夹起、搅拌、剥离的操作。

昨天辛辛苦苦用手来捏饭团子，今天就用上了筷子。方便程度令人感动！我觉得，这是人类的进步。

14天 菜刀

没有菜刀，就无法产生"料理"的感觉。还是脚踏实地开展厨房攻坚战吧。只是，有了菜刀，就想要菜板。

拿到菜刀以后，思量着用来切点儿什么。在厨房转了一圈，决定削苹果皮。苹果这东西，带皮也能啃着吃，所以削削皮并不能让人感动。但是在我专注于不要让苹果皮从中间断掉的时候，忽然来了灵感。

把牛奶盒子打开做菜板吧！绝对能用。另外，如果非要问为什么切培根，那我只能说培根煎过以后会出油，还可以不用盐。

生活的不便衍生出巧妙的心思。这些灵思妙想，原本是人类进步的动力，但在便利的生活里实在没有发光发热的机会。不方便的生活，每天都充满新鲜感！一边这么想着，一边煮好了番茄焖青鱼。用这么少的工具，做出了这么美味的菜肴，真让我心满意足啊！接下来，是时候要想想怎么不用调料来做饭了。

正常来说，我应该去找一个盘子。一番纠结以后，已经觉得肚子空空了。算了算了，盘子什么的无关紧要。

然而，手里只有一柄雪平锅。这么搭米饭的菜肴，竟然不能跟米饭一起吃。花时间另外做好了米饭以后，就着头脑里的番茄焖青鱼的记忆下咽。

15天 冰箱

可以做菜了，对食材进行保鲜的任务刻不容缓。继洗衣机之后，又一台大型设备，厨房的镇魂之物冰箱登场了。怎么会觉得今天是个特别的日子呢？超级想吃生日蛋糕。这种心情怎么想都跟平时不太一样。

再也不用因为担心冰激凌化掉，买回来就急急忙忙地吃掉了。临期肉类可以在冷冻室里继续保存。

总之，我有一种为自己的将来做好了铺垫的感觉。一台家用电器，让生活时间的轴线拓宽了不少。不再是"活在今天"了。对呀对呀，冰箱不就是时间机器嘛。虽然手里的物品不过 20 个左右，有点儿觉得自己已经无敌了！

16天 电脑电源

2020 年春季以后，几乎没有再与人共事或者出差的机会了。在家伏案写作的时间大幅增加，我似乎成了电脑的合作伙伴。电脑的电源在某种意义上也是工作和创作的电源，就算暂时放下电话、远离电子产品，也很希望创作灵感的电源始终保持开启的状态。

开始挑战简单生活以后，我觉得自己的专注力有所改善。毕竟周遭环境清静了很多。要是工作热情十足，可是电脑的电源却无法开启，就太可惜了。

17天 CC 乳液

体验到了终日素颜有多舒服。但是在参加远程会议的时候，还是希望自己面色好一点儿。

如果只能有一款化妆品，我选择可以遮盖面部斑点的 CC 乳液。它能使面部整体光泽度提高，好像给自己充了电一样。

在进入这段生活之前，我有化妆的习惯。定妆粉、高光、眼线……如果在见人之前没有化好妆，我会非常不安。但不知为何，最近好像颜面发生了变化。也许这是不为人知的变化，没准儿是精神层面的愉悦呈现在脸上了。

18 天　盘子

一边回忆菜肴的味道一边吃白米饭的日子，差不多该结束了。一张平盘，可以同时盛饭和菜。现在我已经有了锅、菜刀、筷子和盘子，应该可以完成最简便的料理了。

这是闺蜜在 5 年前送给我的盘子。每天只能选择 1 个物品，实在不能将就生活里出现不喜欢的东西。所以拿回了这个最喜欢的盘子，是今日的小确幸。

目前为止，我对手里的每一个物品都怀揣"当时买下它的心情是……优点在于……"的爱意。我们没办法做到热爱生活里的万事万物，但至少可以甄别出真正喜爱的东西。可是往往越热爱，就越想把它们郑重地摆放到柜子的最里面，不让它们脏，不让它们坏，由此，任由喜爱度在 60 分左右的东西杂乱无章地围在我们身边。

19 天 | 吸尘器

　　只要活着，就没办法躲开污垢。可能很多人会选择先拿扫除用品再拿厨具吧，但我是那种更重视制作东西的人，所以把扫除工具放在了厨具之后。

　　以前在杂志上看过一篇专访，打扫专家说："要是在地板上摆放东西的话，不如死了算了。"洁白的纸面上，这段文字被加粗放大。看到这里的时候，我暗自想："我已经死掉了吧。"

　　现在，多少明白了一些（"不如死了算了"的见解，仍然不明所以）。空无一物的房间，只要 1 分钟就能打扫干净。喜欢拿取方便的我总是在地上摆放很多东西，但正是为了拿取方便着想，才什么都不应该放在地上啊！

20 天 耳机

秋风送爽,当时当下,必须一边呼吸秋风,一边用耳机听音乐才行!心中升起了奇妙的冲动,耳机的必要性超越了所有的生活必需品。

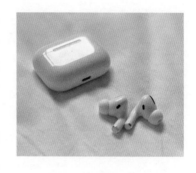

对我来说,音乐是不可或缺的东西。开始这样的生活以后,已经许久没好好听音乐了。Airpods Pro 有降噪功能,可以让我沉浸在音乐的世界中。或是因为时隔多日又再次听到喜欢的音乐,今天的音乐仿佛格外悦耳。

虽然说音乐是生活必需,但是以往通常都是一边忙其他事情一边听音乐:一边工作、一边做家务、一边散步,一边听音乐。应该只有在专程前往音乐会的时候,才能真正做到专注于音乐本身。说来,上次去听音乐会都是 1 年前的事情了。我觉得 live house 和剧场是听音乐、看音乐剧的绝佳地点。对于格外适应多任务处理的现代人来说,这种圣洁的殿堂太重要了。

忽然想起,我读初中三年级的时候,把听音乐当作对自己努力学习的奖励。专注于学习 30 分钟,就可以听一首音乐;完成一套习题以后，就可以完整地听一张唱片；实现了自己设定的目标，就可以在阳台上沉浸式地听一阵儿音乐。在简单生活中拿回了久违的耳机，那时候的感觉竟然像复活了。耳机里的音符回荡在心里，久久萦绕，我甚至可以感到耳朵里的音符一直传递跳跃。多么舒畅的感觉啊！把我带回 15 岁的夏天，简单生活可真了不起！

21天 洗涤剂

无论多努力适应不用调料做饭的生活，没有洗涤剂洗锅碗瓢盆都是件困难至极的事情。拿到洗涤剂，终于让我摆脱了怎么洗都洗不干净的挫败感。现在想想，能早早消除掉这种萦绕在心头的挫败感，是件幸福的事情。我习惯于洗餐具之前先用纸巾擦掉难以清洗的油污，看来这个更加环保的习惯值得保持下去。

又剪了一次指甲。在第 7 天拿回指甲刀以后剪过一次，隔了 14 天才再次修剪。因为没有掰着手指数日子，所以对于"指甲又长了"没什么概念。现在才理性地认识到指甲真的长长了呢。

22天 化妆水

这是从第 1 天开始就渴望的东西。拜托啦！请给我补充一下 20 多天的水分吧！！（强烈请求）

如果是敏感肌，大概率在第 2 天就会要求拿到化妆水。万幸的是，我是非敏感肌。所以在拿到了其他一些生活必需品之后，在忍无可忍之际才取回了化妆水。其实如果用显微镜仔细观察，恐怕皮肤已经遭遇了莫大的摧残。

不管怎么说，这毕竟是一次对身体极限的挑战。洗脸后涂抹化妆水，是长年以来的习惯。现在，终于感觉能好好地完成整个洗脸流程了。

保暖裤

太冷了！取回了去年入手的保暖裤。据说这种内里抓绒的款式适用于冬季骑行的人，所以我去北海道录节目之前入手了这条裤子。

对啊，这是我在连续 8 年前往北海道录制节目的过程中积累下来的经验。冬季很容易穿得鼓鼓囊囊，但如果找到真正的保暖内衣，就能减少服装的件数。减少着装的件数，可以便于身体活动。便于活动，就能让体力和精神不那么疲惫。

说到真正的保暖内衣，应该也是这种受限生活的核心物品。保暖且便于活动，好像给我的冬季版本升了个级。应该早点儿把保暖外套拿回来。

24天｜智能手机

终于轮到手机了。时间流逝的节奏，在有手机的生活里和没有手机的生活里，存在明显的不同。我想我已经认真思考过，将来要更重视哪种时间节奏，所以决定让手机解禁。我下定决心要刻意与手机保持距离，虽然明知这是一件多么困难的事情。

我知道现在脱离手机的时间多么令人焦虑，但是绝不想再回到离了手机就会崩溃的依存状态。总之，先把社交软件 Twitter 删掉吧。

夜晚，一边用耳机小声听着 Kan Sano 的音乐，一边继续阅读《读书日记》。不想纠结如何削减使用手机的时间，只是想全神贯注于"玩手机"以外的事情上。对于我来说，这意味着"脱离手机依存"的道路。事实是否果真如此呢？跟手机的相处方式，尚待深入研究。

第25天 桌子

工作和吃饭的时候，身体忍耐的程度已经达到了极限。拿回桌子以后，瞬间感到恢复了"人类生活"，文明程度提升一格。我又能像人类一样挺直腰杆了！身体轻松了很多，工作效率得以提高，不用俯身在地板上吃饭这件事儿也保护了我的自尊心。桌子好伟大！

今天从大公园回来的路上，带回了肯德基的外卖。太好吃了！家里虽然什么都没有，但却再次发现了公园的娱乐性。这与有无游乐设施没什么关系。嫩绿的草坪，宽阔的空地，野生的花朵……这些景色要比以前诱人许多，好像每一个瞬间都值得品味，应该把注意力集中在这些生活片段里才对。

26 天 色拉油

最近，我好像吃到了"世间第一美味"——肯德基。每次我都会点限期销售的"柚子辣椒炸鸡"。吃的时候，先吃限期销售的鸡块，然后再吃原味鸡块。我知道美味不可多得，所以决定不要过于依赖外卖，应转身充实一下厨房生活。

因为没有调料，之前出现了不少试做失败的教训。没有油的菜肴，温润有余而色香不足。这样的菜肴真的让人一言难尽。正因如此，才总是想吃肯德基。

拿到油之后，厨房不就是我的天下了嘛！从此敢于直面所有的食谱！油在锅里，就没什么可担心的了。接下来，有什么就做什么吧。

智能手机充电器

手机解禁之后，本以为自己会退回到手机痴迷的状态，所以特意把手机充电器算作另一件物品。何况，电影《100日的简单生活》里也是如此。这几天怕电话没电，一直非常节约地使用手机，今天还是没电了。拿回  手机充电器，给手机充满电以后，感觉找到了"人生若只如初见"般美好。手机好像有了生命。

能正常使用手机了。有点儿惶恐。惶恐于自己是否会忘掉既定方针，是否会让时间都消失在手机里。或许，我拿回手机的时间还是太早了。

28
天

盐

　　渴望已久的盐。早已厌倦借用培根和火腿的盐分来调味的菜肴。那是一种感觉不到美味的美味。我第一次听说，食材和盐组合在一起，才能孕育出鲜香可口的味道。

　　如此一来，不免联想到糖、酱油、料酒、胡椒、鸡精、味精、豆瓣酱、辣椒油、五香粉等。还是趁这次的机会多学学如何用最少的调料来制作菜肴吧。恰巧朋友向我推荐说："有贺薰女士的食谱基本上只用盐来调味。"那就试试看吧。

　　今天只用油和盐制作了一道绝佳的菜肴——油焖尖椒（料理家渡边康启先生的食谱）。这是我有生以来吃过的最好吃的尖椒。开始简单生活之前，我尝试着做过几道渡边康启先生的菜品。当时的感觉是有滋有味！没想到今天能发现全新的美味！不仅如此，我还学到了如何在加入调料之前提炼出食材本身的味道。

《汤·教程》

我觉得，时至今日，知识比工具更重要。于是在第 29 天拿回了一本食谱。原来如此！真如朋友所说，这本食谱里大多数都是把盐作为主要调料。

洋葱、胡萝卜、番茄、卷心菜等，用油翻炒这类香气浓郁的蔬菜，然后加入水和盐，小火慢炖。大家品尝以后赞不绝口。只要明白，无论是鱼、肉、蔬菜、干货、乳制品，还是油、调料，所有食材都有自身的香味和香气，那么汤料就显得没那么重要了。

这个这个，想要的就是这个！在"想要学习！"的热情高涨时，正巧读到这本能让我心满意足的书，太开心了。或许现在，是我汲取知识的巅峰时刻。

自己是那种只能关注眼下的性格。今天的我，忘却了一切生活必需品，超级想要一本汤的食谱。

30 天 | 杯子

仿佛理所应当的存在。每每想到"啊，没有杯子"的时候，免不了心生落寞。当眼下的生活归于平静，我终于可以拿回一只杯子了。

上大学的时候，有位朋友，看上去永远热情开朗、朝气蓬勃。有天我问她，"做什么的时候最幸福"。她告诉我，每天清早起来喝一杯水的时候最幸福。直到现在我都记得，她的回答带给我多大的冲击。当时的我，只有在获得了某种成就的时候才会感到幸福。清早起来喝水？当时的我对此无法理解，一直在想着水有什么可喝的。

可是，现在我明白了。用第 30 天才拿到的杯子，在清早倒一杯水来喝的瞬间，除了幸福还能有何感受呢？最近，拉开窗帘和关上窗帘的时候会感到幸福，刷干净白色运动鞋上的污垢也会感到幸福。我不会把这些瞬间定义为"小小的幸福"，我认为这些就是人生的全部。如果内心世界不够丰盈，或许无法感悟"当下这个瞬间"。

31天 菜板

用牛奶盒当菜板，将就了几天。但想到这样一定会伤到刀刃，还是决定取回菜板。木头菜板是我一直想要的物品，我也很喜欢看起来可可爱爱的蔬菜断面。哒哒哒、咚咚咚，神清气爽。还是这种手感舒服。菜刀好像也

终于找回了自己的小伙伴，乐乐呵呵地在菜板上大展身手。

这个菜板，买之前真的花了我一番功夫。各种搜索之后才定了这一款。越想早点儿买，犹豫的过程中感受到的压力就越大。但是花了这么多时间才买回来的菜板，真的激发了我浓浓的喜爱之情。

32 天 保暖衣

无论有什么欲求，都比不上对寒冷的畏缩。必须要马上试试防寒对策。

在保暖裤之后，我又拿回了抓绒保暖衣。厚厚的抓绒内衣穿在身上，大冬天也能既身轻如燕又风度翩翩。它虽然体感并不

厚重，但是保暖性能非常优秀，适合我的需求。为了不增加服装的件数，我像勇士一样选择了最精良的装备。防寒衣物准备完毕。

今天又剪了一次指甲。这段生活里的第三次了。我渐渐明白，大概每 10 天就需要"剪一次指甲"。不知道为什么，就是想把指甲修剪得短一些，这种心情一发而不可收。与之前相比，只是指甲短了几毫米而已，竟然觉得自己变成了更加严谨认真的人。修剪整齐也能带来好的心情。

这样的生活已经过去 1 个月了，还能拿回 68 个物品。我知道还有很多需要之物，但如果可以增加 68 个物品，生活是否会变得相当富足呢，一边说缺这个少那个，但也平安无事地生活至今。并没有哪天因为无法生活而感到困扰。相反，好像比以前的生活更充实了一些。有趣！下周多做做汤喝吧。好冷！

33 天｜汤碗

第 29 天，我拿到了一本做汤的食谱。以前拿到食谱的时候，会从中选择喜欢的料理，然后有种想试试的感觉。而现在，由于身边的资源匮乏，我把食谱当作小说来读，逐字逐句，不放过每一个角落。从汤食谱到手那

天开始，已经做了 4 天汤了。好像历经了一场无形的仪式。还是准备好汤碗吧，喝汤还是要搭配合适的容器。

汤，有种让人恢复元气的魔法。所以要用能多盛汤、多喝汤、多多恢复元气的容器才好。所以我选了这个一直很中意的汤碗回来。

用手里仅有的盐和油，先是挑战了《汤·教程》里的"白菜姜汤"。

没有淀粉，好在鸡肉依然保持了滑嫩的口感。生姜的香气洋溢在白菜片上，在汤碗里面摇曳生姿。汤底澄清，像一片恬静的湖水。汤味清爽，但足以包容肉香，香喷喷的。原来一点点调料，就能把味道提升到如此的高度呀！

34 天 勺子

把注意力集中在汤上，就必须要用到勺子。用圆勺子盛汤送到嘴边，可以感受到勺子郑重地进入嘴巴里的过程。勺子，是汤的摆渡人。这一连串的动作，就是喝汤的行为本身。Cutipol 家的勺子，被我一直珍藏在抽屉深处，平时几乎不会登场。但是现在，我选择认真地面对每一天的生活。

卸妆面巾

第 17 天，我用 CC 乳液代替了粉底液。正常来讲应该在第 18 天就拿回卸妆面巾。说真的，没有卸妆液，化妆品真的很难洗干净。

但是想要的东西实在太多了，一来二去就拖到了现在。我尽量减少化妆的日子，不得不化妆的时候就用浴液好好洗脸。现在终于齐全了。卸妆面巾是面部重生的开关。

36 天 《从那以后生活里只考虑汤的事情》

这本小说的标题，恰到好处地描述了我现在的生活状态。这些天把食谱读了个通通透透，最后的最后只能又拿来了一本书。前几天，为了减少物品的数量，选择了非常非常厚的书，后来发现无论如何都想找本能迎合当下心情的书来读。是的，在这种欲望的驱动下，今天就把这本书读完了。

"以前的时间优哉游哉，体态丰满。我们借着节约时间的名义，让时间变成现在这样瘦骨嶙峋。时间被各种利器削割，我们想缩短这个、缩短那个，最后才惊讶地发现，原本丰满的时间被我们改变了。"

这跟我在这段生活里获得的感受不谋而合。自己的想法和书中的见解彼此印证，这是我乐于读书的原因之一。这本书里提到的时间论，跟米切尔·恩德 (Michael Ende) 笔下《毛毛》* 的观点一致。我开始经营时间旅行专门书店 ** 的时候，并不是要刻意销售时间旅行的科幻理念，而是希望自己能认真面对身边这些零零散散的时间。

*米切尔·恩德笔下的儿童文学名作《毛毛》：主人公毛毛是一个不知年龄、不知来自哪里的小女孩，她拥有常人所没有的灵敏听力，她只用倾听就能解决朋友们的问题和纷争。成年人节约时间，低头飞奔，而无暇顾及过隙的人生美景。但是小姑娘毛毛独自与灰先生战斗，并在冒险的过程中发现了时间之花。

**时间旅行专门书店，始创于2019年的移动书店。除了时间科幻类书籍以外，还同时销售考古科学、绘本等充满时光感的文学作品、文具和画作。

37 天 羽绒被

秋雨潇潇。即使窝在家里，身体也免不了被周遭阴冷潮湿的空气侵袭。胃寒体质的我，一入秋就把所有的冬季防寒物品都准备好了。好像因为我怕冷，所以选择东西的标准常常都是因为冷，所以……不管怎么说，寒冷和健康息息相关，没办法嘛。生活里最需要保护的就是生命了。

轻便、温暖、蓬松，世界上没有比羽绒被更好的东西了。在寒冷的秋夜，被这样温暖的云朵包裹起来，就算外面下雨又能怎么样呢？这样的生活里，每天都有"世界上再没有比这更好的东西"的感叹！这个收获很令人惊喜！

38 天 | 洗衣液

怎么到现在才入手洗衣液呢？原来，在将近 40 天的时间里，我还是没有把生活必需品收罗齐全。可能是性格的原因吧。我不是个冷静的人，更不是擅长发散思维的人，只能选择当时当下想到的东西。

拿回洗衣机的时候深受感动，我爱洗衣机，我相信洗衣机，我崇拜洗衣机……我甚至以为就算没有洗衣液，洗衣机也能大显身手。

但毕竟，还是需要洗衣液的。闻到久违的洗衣液香，我几乎都要醉了。洗衣服不仅仅能让衣服变干净，还能让衣服变香！这是何等幸运的事情呀！

39 天 《飘荡在试行错误之中》

我今天又挑了一本书，明明想要牙膏来着。

这段生活里，最先登场的书籍是阿久津隆先生的《读书日记》。这本书里出现了很多书籍（真的太多了），其中最吸引我的就是这本保坂和志著的《飘

荡在试行错误之中》。我喜欢顺藤摸瓜式读书。反过来说，可能也是因为自己想要顺藤摸瓜，所以才读书。这是一种让命运可视化的喜悦。

在满满的期待中，这本《飘荡在试行错误之中》到手了。真不错！从第 2 页开始折角，下一页又折了一次角，如此莫名的喜爱感，已经许久未见了。

通过顺藤摸瓜的方式寻找喜爱的物品，也许意味着我还不知道生活中必不可少的 100 个物品究竟都是什么。

40 天 铁锅

我最近开始学习美味的奥秘，得出了"美拉德反应非常重要"的结论。美拉德反应，是广泛存在于食品工业的一种非酶褐变，食品加热的时候氨基酸与糖结合后出现，然后衍生出香气和美味。原来，我需要炒锅。

简简单单的炒豆芽，已经成为不可多得的美味。这个铁质炒锅贵如珍宝呀！它的味道截然不同，给我带来的惊喜不亚于入手一种新的调料。

表面经过特氟龙加工的炒锅，具有不容易焦煳、使用方便的优点，但却是每隔几个月或几年就需要更换的消耗品。相比之下，铁锅基本上可以半永久使用。在选择这样的物品时，免不了要畅想一下我们要一直在一起的感觉。我和物品之间，萌生了友情。

41 天 | 口红

今天，需要到网站（Youtube）欧洲频道"时间 SF 之夜"做嘉宾，所以我决定增加一件化妆品。

唇色明亮一些，整个面部的光泽度将会大为改观。我拿回了闺蜜今年赠送给我的口红，拿在手里，乐在心中。把它当成我的幸运符吧。口红不仅功能强大，还能让人心情为之一振。从今天开始，每一天的基础幸福感都将提升一支口红的高度。

42天 削皮刀

当被问到是否真的需要削皮刀时，我的答案是肯定的。的确，这是属于第二梯队的物品。用菜刀也是可以刮皮的，但是它不仅费时费力，还会给我带来很大的精神压力。我想给自己减负。我想拿着削皮刀嗖嗖嗖地处理食材。

恐怕应该把削皮刀的定位从第二梯队转移到第一梯队里吧？无所谓！只要能满足自己的技术水平、提高自己的效率，又何必在意他人的见解呢！

43 天 | 洁厕液

虽然与家人共用一套生活
用品，但是我想拥有一件属于自
己的打扫用品。

无印良品的瓶瓶罐罐有着
极为素雅的审美感。想要打扫
干净，那么就需要格外注重打
扫卫生时的心情和各种物品的
设计感。

在心里试着比较了一下，恐怕没什么东西能比洁厕液更有生
活感了。毕竟踏上旅途的时候，没人会带上这东西。用来区分日
常与非日常，就是洁厕液的作用。

44天 木质炒铲

我可以用筷子来炒菜，但总觉得有点儿欠缺。毕竟翻炒食材的时候，手里的感觉大相径庭，我更喜欢让肉和蔬菜的每个面都均匀受热。现在炒铲终于到手了！

今天才听说，把木铲放在锅上，能防止外溢。最近都在用普通小锅做饭，让我赶紧试试看吧。这几天来，我尽量根据经验控制大米和水的比例，虽然最后的米饭味道不错，可几乎每次米汤都会溢出来。哇，试了才知道，这个技巧果真有效！

如此说来，电饭煲真的就没什么必要了。这让我对木质炒铲的热爱又多了几分。说是木质，但看起来更像竹子。我太不了解身边的小物品了。刚才仔细研究了一下，果然是竹子的。但为什么叫作木质炒铲呢？应该叫作竹质炒铲吧。我觉得怎么也应该对身边的东西有最低限的了解才行，不然怎么能自得其乐地安稳生活呢？

最近的感受是，我对服装的需求比自己想象的更低。果不其然。

睡衣

第 44 天的记录是这样结束的："最近的感受是，我对服装的需求比自己想象的更低。果不其然。"本来还在想"真的没怎么拿衣服来穿啊，怎么回事儿呀"，没想到随即出现了对睡衣的渴求。

2020 年，真的是一个好大的转折点。在人与人不再相逢的时候，那些款式时尚的洋装被束之高阁，而柔软舒适的睡衣自然而然地成了最重要的衣物。快要接近第 50 天的中点了，一直以来服装的款式几乎就是身上这一套，原来自己真的对服装没什么兴趣，虽然这个结论并没什么实际意义。

即便如此，我觉得在所有服装里还是更偏爱睡衣。外出旅行的时候，为了减轻行李的重量，我可以只带一套内衣。但是睡衣一定要有。旅馆的浴衣和商务酒店里长长的浴袍是没办法穿着睡觉的，要么就是松松垮垮，要么就是皱皱巴巴。

拿到睡衣很开心呀。心情真的变得明媚起来！今年，特别用心地守护了自己的节奏和舒适感。现在看来，大有必要！

46天 汤勺

在开始这段生活之前，我拥有 8 个汤勺！到了第 46 天，终于从中选了一个带回来。汤勺，有一个就够了吧。只要有一个，世界就会有所不同。我的世界，分为汤勺史前和汤勺史后。

原来，盛汤的动作这么舒服呀。我最近专注于做汤，格外钟情于汤汁被勺子盛起来以后呈现出的颜色。今天的汤，看起来非常有食欲。表面的油光闪耀着，散发出温润的味道。有了汤勺就可以跟汤汁对话了，这个说法可能有点儿夸张。以后就钟情于唯一的汤勺吧。

47天 海绵

100天的生活，眼看就要过去一半了。开始为了工具增添工具。洗餐具和厨具的时候，要用到洗碗海绵。海绵易于出泡，形状得体，又轻又软，但是清洁力超强，更别说看起来这么可爱的样子啦！

第一次对海绵有了"啊，真好！太好了！"的感情。就这样越来越爱这个世界，是个好事。赏心悦目的洁净效果，让我从根本上认识到了养护的乐趣。

48天 饭碗

大米饭，既可以盛在平盘上，也可以装进汤碗里。但是最适合它的，还是饭碗呀。把热气腾腾的米饭装进深度正好的容器里，米饭也高兴，我也很欢喜。这是一个我按照中式餐具的风格，在日本买的饭碗。

对了，我还没有马克杯。早上就用它来装拿铁吧！可以把它当成"拿铁碗"来用。物，不语。

中国的饭碗就是这个样子的。春节时候的照片如图，大家在做菜的时候全力以赴。每个人

都会有一个平盘，但几乎不会用到。在那么多人一起就餐的时候，还是用饭碗最直接、最方便。

只用盐和油就能做出来的中餐，应该是番茄炒蛋吧。开饭开饭！

49 天 饭勺

形状嘛，跟勺子、木质炒铲（竹质炒铲）相似，但是没什么可以取代饭勺。饭勺呀，身怀绝技。

前辈们用智慧的结晶设计出了倾斜度和表面纹路，让米和饭勺、饭勺和米，成了绝配。就像命中注定的恋人，相遇之前一直在彼此召唤。说远啦！总之就是这种感觉啦。用惯了的工具拿在手里，心神更加安宁，好像获得了人生的灵魂伴侣一般。

想想那些米饭在锅里，可是却因为太热而盛不出来的日子吧。饭勺点亮了我的生活。知道了缺失的状态，方知丰盈的幸福实感。

50 天 | 画册《Pastel》

在这个值得纪念的第50天，理所应当拿点儿特别的东西。思来想去，选择了画册。我的画册数量不多，但初见坂口恭平先生的《Pastel》时，我就情不自禁地心神飞扬了一下。回过神来以后，我意识到这本画册一定是我  必须要有的东西。光的存在，太神奇啦！画册拿在手上，好像把光攥在了掌心一样。

今天，100天的一半就要结束了。我知道这样的生活里，最重要的事情是守护内心的平和。这本50天画册正好可以讲述如此这般的心声。我没有花过什么心思去守护自己的内心，现在看来，能力尚可。

51 天 橄榄油

继续钻研只用油和盐的料理。正如我在挑战的简单生活一样。有了橄榄油，料理能更有滋味吧。决定了，就是它！

朋友又给我介绍了好多看起来很好吃的食谱，好想赶快试一试！

手工制作番茄酱，搭配意面。出锅以后，我迫不及待地大快朵颐。反应过来的时候，发现已经来不及拍摄意面的照片了。

久违的橄榄油，异常"性感"。清新的味道和顺滑的质感给食材带来了几分妩媚。厨房有了喜爱的油品，整个人感觉也被滋润了。

52天 牙膏

第 2 天拿到牙刷以后，一直都在没有牙膏的状态下坚持刷牙。因为没有牙膏，我会偶尔摘几片薄荷叶来清新一下口腔。今天拿到牙膏以后，我彻彻底底刷了一次牙齿。刷着刷着，忽然很担心 50 多天以来牙齿会不会变黄。赶紧停下来仔细观察，幸好没事。多日以来的焦躁凭空消失。

好久没有用牙膏了，今天的幸福程度让我觉得自己简直就是天选之子。用牙膏刷牙，让我产生了自恋的情绪。或许，在我意识到自己的自恋情绪之前，就已经爱上自己了吧。是的，自爱！

今天制作的简单料理是"咸口芦笋柠檬汤"（有贺薰《汤·教程》）。

53天 | 紧身牛仔裤

这周，集中精力完成服装储备。说来，手里有的还是卫衣连衣裙和睡衣而已。

我每天去公园，需要一条便于行动的牛仔裤。当下流行宽松的裤型，但我仍然停留在紧身牛仔裤的时代。紧身牛仔裤便于

行动！在公园里的时候，永远都要在山坡上爬上爬下、在树枝上荡秋千、在吊桥上勇闯天涯，一条紧身牛仔裤和卫衣连衣裙的搭配，绝对能应付所有情况。

可是好久没穿的裤子，感觉腰围好紧！虽然能穿，但只有收紧肚子才能扣上扣子。怎么回事儿？疏忽大意了！这两三个月，好像胖了一点儿。但时光不能逆转，努力减肥吧！

明明只能选择 100 个物品，如果因为这条裤子瘦了，就再去拿一条裤子，那简直是在发傻！背水一战，开始运动吧！

54 天 卫衣

太喜欢卫衣了。即便如此，顺序仍然是卫衣连衣裙→睡衣→紧身牛仔裤→卫衣。哎呀，这可是我冥思苦想得到的结果。

这一周，我都在认真思考应该穿什么样的衣服。最后得到的结论是：件数有限，所以耐洗的衣服最好。如果是平时，这个季节应该穿毛衣才对，但如果用洗衣机洗 100 次毛衣，最后肯定会变成童装了。

白色不耐脏。但其实什么颜色的衣服脏了都会让人不舒服，如果脏得太明显，放一点儿漂白剂就好了。这就是白色的优势。最后我决定不要勉强自己，选择自己所爱就好。白色的卫衣可以给我带来力量。它一边保护我，一边让我发光。

55天 VR 眼镜

紧身牛仔裤太紧身事件发生 2 天以后，减肥事宜又被我提上议题，我拿回了 VR 眼镜套装。在进入简单生活之前，有段时间我每晚都用 VR 眼镜做运动。我在 VR 小程序中选择明亮宽阔的健身房，带着游戏的感觉挥洒汗水。

虽然在距离家 30 秒路程的健身房办了会员卡，可是苦于每次都要来回换衣服，太麻烦了。就算距离家只有 30 秒的路程，也是外部社会呀，总归要注意仪表才行。每一次，都在要去健身前烦恼……穿这个 T 恤出门太丑了吧！相比之下，能找到在家使用健身房的方法，简直太幸运了。只有这样，才有可能长期坚持下去。

为了穿上牛仔裤，我取出了 VR 眼镜，没想到竟然有大发现。或许，这才是终极的简单生活吧。无论身处何等空旷的房间，透过 VR 眼镜都能看到我的客厅里有沙发、暖炉、间接照明、书架……游戏什么的先放到一边，这种沉浸式体验让人欲罢不能，只要戴上眼镜就能彻底放松。戴的时间长了，耳麦里传来提示音。夸张一点儿说，怕是又得到了一个新世界呢。画廊、游乐场、街道、宇宙……这里应有尽有。

56天 | 剪刀

如果这是一场为期 2 周的旅行，就没必要用剪刀。而反观这段差不多快要 2 个月的生活，感觉生活必需品还真是很多。说实话，没有剪刀这件事，让每天的生活压力都增厚了几毫米。

拿到剪刀以后心情大好，趁机剪了头发。不光是刘海儿，还修剪了侧面和后面。结果并不尽如人意。首先，这并不是用来剪头发的剪刀。其次，我没有剪头发的手艺。不仔细看好像还不错，实则惨不忍睹。

次日早晨起床以后的发型，更让人不忍直视。侧面的头发整整齐齐地向左侧翻了过去。好吧，就算这是侧卷发型好了！倒不是没有剪头的手艺就不能剪头发，只是我意识到，拿到剪刀并不等同于获得了能力。

57天 外套

因为畏寒，我选了一件温暖、可机洗、轻便、可以在家随意穿着的外套。买的时候相中了无领的款式，现在拿来，是因为更看重整体的功能性。可塑性最强！

衣服内里也是松松软软的。身体有时很需要这种材质的衣服。那种时候，就算勉强振作精神，用笔挺的衣服支撑身体，得到的效果也非常有限。焦虑的时候，需要一点儿柔软。不知为何，今年特别喜欢能让我平静下来的衣物。

58 天 《蓑虫放浪》

我在想要出门旅行的欲望驱使下，拿回了这本书。绳文ZINE 主编的望月先生追随着画家蓑虫山人的足迹，编辑了这本行程说明书。

我喜欢陶器，于是放任自己四处寻找陶器。从这个层面上来说，我能理解游历全日本的旅人的心情。所以这本书读起来非常轻松愉快，好像有很多很多的信息，被倒进了一个名为"好奇"的杯子。

很难出门旅行的日子，人们是怎么满足自己行走四方的需求的呢？读书应该是个好办法。坚守在家探究旅行方法的日子。

59 天 护手霜

皮肤干燥纪念日。就从昨天开始，干燥的季节开始了。并没什么征兆，但昨天忽然感知到了这个变化。

我喜欢这瓶装在瓶子里的护手霜，每次用的时候都感觉自己是一个淘气的孩子，正在把

手指伸进果酱瓶里。转瞬之间，香气飘散出来。涂抹在手上，闭上眼睛，可以想象自己正身处一间点了香薰、泡了花草茶、装饰了干花的 SPA 房间里，舒缓的背景音乐静静地流淌着。是的，治愈的效果真的这么显著。

涂护手霜这种行为在日常生活里简直不值一提，但也绝不应该忽视和忘记。这种好好对待自己的感受，给我带来欣喜。

吹风机

夏天还好，但很快就要进入真正的冬天了，务必要吹干头发才行。我通常都是带着 2 岁的孩子去公园，然后回来洗澡的，与其说忙碌，不如说慌乱！我没什么时间耐心地吹头发。好不容易静下心来，更愿意给自己

一段午睡的时间。何况吹风机的声音太容易吵醒孩子了。而且我的头发很短，往往想起来的时候已经自然风干了。

可是，前几天在兴头上把头发剪了，结果每天醒来头发都被压得乱七八糟。怎么说也是要上镜的人，头发太凌乱有伤大雅。

那就用最简单的方法来整理发型吧。把头发打湿，然后快速吹 30 秒左右，让吹风机来吹好我凌乱的头发。太了不起了！这样才能让我失败的发型不那么醒目。作为一个堂堂正正的成年人，级别一下子就能上升到五星级，吹干的力量真伟大。吹风机好像是能照顾我的保护者。

61天 黄油

黄油，算一个物品吗？但是从一开始就定好，调料也要作为物品被统计，所以黄油也应该纳入其中。说来，黄油是不是调料的一种呢？还是属于食品？真是搞不清楚。好像算了有点儿奇怪，不算又有点儿狡猾的感觉。

今天要做放很多黄油的汤。玉米汤、南瓜糊、焦香洋葱汤。偶尔，先让自己沉浸在黄油的醇香里享受一番。我知道黄油的热量很高，但是吃在嘴里的幸福感可以直达心脾。就让我小小地感受一下温柔和幸福吧！

62 天 | 叉子

直到现在都还没有叉子。虽然想要一个叉子，但当时怎么都觉得区区 100 天不用叉子又如何？时至今日，我已经从要拿回生活必需品的信念转变成了让生活更丰富的物品的渴求。但没有改变的是，忽然出现 2 个特别需要的物品时，我还是会焦虑。

卷着意面吃的过程充满乐趣。从 4 岁开始我就很热爱这种原始的喜悦。用叉子吃东西，要比用其他餐具略显高雅一些。筷子根本实现不了这样的风情。的确，100 天的生活而已，并没有什么非用叉子不可的场景。但是我希望我的生活里有可以用叉子吃东西的能力，还能感受用叉子吃东西的乐趣，更能学习到用叉子吃东西的文化。

63 天 | 酱油

经过了对最低限调料的执念期，我开始想增加一些花样了。

现在手里只有盐和油，如果有酱油，就能调剂出发酵食品的浓香了。冷静以后思考，发现这个顺序真的很意外。开始

这段生活以前，我猜测自己对调料的需求应该是盐→糖→色拉油→酱油→鸡精。这个猜测，就像见山念水一样，有了盐好像就应该有糖的感觉。可是在实践里发现，这个猜测并不切合实际。

我原本是鸡精和味精的忠实用户，可是这两个月来学会了用盐来挑战所有食材原本的味道，结果发现鸡精和味精并非必要品。久违的酱油前辈，带来了并非一朝一夕可以铸就的厚重感。酱油好"帅"呀！第一次有了这种感情。

64天 砂糖

我喜欢用砂糖和酱油来调配咸甜口的料汁。这种料汁适用于烧鱼和猪肉，还能用来炒青椒牛肉。肉烤好以后，可以把砂糖酱油的料汁倒进锅里，然后小火熬成黏稠的蘸料。

但是反过来说，除此以外确实没什么一定要用到砂糖的地方。有了砂糖可以干什么呢？这可是从 100 个物品中争取来的机会呀！对了！肯定是那个！内心深处对甜食的渴求召唤来了砂糖！

本来认真思考过这周要追加什么调料，这个节奏可有点儿脱离正轨了。确实想吃咸甜口的味道，可是我的人生里除了砂糖和酱油，还应该有点儿什么吧。

65天 《白崎裕子的必要最低限食谱
——轻松掌握的料理》

我对于自己不经思索追加调料的行为深感不安，于是拿来了这段生活里的第二本食谱。物品重要，信息更重要！正是因为想要认真面对物品，才想起需要更多的信息。

这本书，单刀直入，扉页写着"先用热水把盐融化，喝掉，重新找回自己的味觉"。这种从零开始的教程，对每种基础调料的作用都进行了仔细的讲解，非常契合当下的我。最近，包括调料在内，我一直想要探寻我拿回来的每一件物品的本质。

另外，这本书里竟然没有提到砂糖。

| 66 天 | 红酒杯

周六呀，心情大好之下拿出
了今年妹妹送我的生日礼物——
一只红酒杯，方头方脑的外形非
常可爱。5 年前，曾在旅途中偶
遇过这种杯子，后来一直念念不
忘。有故事的物品和没有故事的
物品相比，当然更容易选择有故
事的那一个。

原本是用来喝葡萄酒的，但我也常用它喝水或啤酒。用红酒
杯喝啤酒，有种很奢侈的感觉。每喝一口，都有种被祝福的感觉。
祝福我们的日常生活！

67 | 芝麻油

我今天还是选择了油品。色拉油、橄榄油、芝麻油，油品在不断增加。真心讲，其实我还想要辣椒油。我想要的调料几乎都是油品。芝麻油风味独特，毫无疑问是占尽风头的调料。我家吃火锅的时候，每次差不多都能用掉一整瓶芝麻油。

很久很久以前，我还在做电视台的报道员，那时候有幸参观过芝麻油工厂。当时负责引领我们的工厂解说员一脸为难地说："怎么穿了皮鞋来呀，这样被蹭上油污那就太不好了。但是，哎，今天就开个特例吧。"可是对于我这种芝麻油爱好者来说，真觉得蹭上了就蹭上了，赚点儿香气回家还挺不错的。是的，我就是如此钟爱芝麻油。

重新拿回洗衣液和护手霜的时候，也有过切身体会，香气真的会让生活明亮起来。未曾在意，原来我的生活里竟然有这么多美好的气息。

68天 卡片游戏 "NANJYAMONJYA"

"NANJYAMONJYA" 是一款起源于俄罗斯的卡片游戏。给小怪物们起名字，记住，然后能最快叫出名字的人胜利。规则就是这么简单。因为简单，既是刚刚开始玩卡片游戏的人的入门练习，又是全家老小一起开心娱乐的保留节目。我家上到四川的公婆，下到 2 岁的孩子，都乐在其中。有一次，公婆因为游戏乐不可支，甚至笑出了眼泪。

成年人在看到卡片上的小怪物时，往往会根据外形给它们起一些类似于"小圆""豆豆"的名字。但是 2 岁的小朋友的思路总是很发散，他会随心所欲地用拟声词来起名，例如"咚叭叭""吧切伐鲁吧鲁"等，难度一下就提高了。不过公婆起的中文名字也挺难记的。与不同的人玩儿，就会有不一样的乐趣。

生活，原本就不是我们一个人的。生活的方式，随着一起生活的人而变化。我想，能实现众乐的道具也是生活必需品。

69天 扫除用清洁液碱性电解水

　　每天都要做饭，要选择容易去除灶台周围油污的清洁液。

　　关于扫除，其实总是在投机取巧。其实最近都在偷偷用婴儿湿巾擦灰。虽然平时都用湿巾来着……孩子长大以后，家里能用到婴儿湿巾的地方几乎

没有了。为了不浪费，只能找地方赶紧消化掉。

　　渐渐地，我开始对每一个物件心生爱意，总想着选择不锈钢或者其他金属材质的物品，希望能天长地久地相守。例如与其使用2年左右就得更换的特氟龙不粘锅，不如选择能长久使用的不锈钢锅或铁锅。我觉得这样更加环保，也会让自己心情舒畅，然后心中涌起更多爱意。

　　在这种心情下，我第一次对婴儿湿巾产生了陌生的感觉。虽然不能马上做到完美无缺，但今后做选择的时候应该考虑周到。既然如此，今后一定要认真思考湿巾的必要性。

70天 《美国学校》

读过保坂和志的《飘浮在试行错误之上》以后，顺藤摸瓜地发现了这本小说。没看几页，就觉得自己被"带入了剧情"。这种感觉难以名状，请各位原谅我不做任何剧透，我想把这种无法用言语表述的体验留在记忆里慢慢回味。

我一直有个类似于强迫症的观念，就是写出的文章应该"清晰可懂"。但所谓的"清晰"，所谓的"可懂"，难道不是见仁见智的感受吗？就算没那么清晰可懂，只要有读者可以意会就好。在我明白了这一点以后，最近写文章的时候觉得轻松了很多。

与每一天可以选择一个物品相比，可以随意选择书籍带来的自由感要更强烈，真是不可思议。沉浸在书籍之中的时候，生活好像变成了彩虹的颜色。

71天 陶器

咚……咚！

生活也好，物品也好，一定要有自身的意义吗？恐怕并非如此。功能型物品填满了生活的每一个瞬间。但也有想跟陶器在一起生活的人，例如我。

一直以来，我都预感到陶器很有可能会挤进我这 100 天的生活里。但我以为会在第 100 天。可是今天它就出场了，比我想象得早。

6 年前开始，我便痴迷于绳文时代的文化。陶器为何物？没有正确答案，或者说全部都是正确答案。我这么说，好像有点儿玄妙。虽然我们看不到，但我相信它们是有生命的。每次眼光落到陶器身上的时候，心里都会升起莫名的敬畏之情。那是一种类似于"不要藐视自然，不要轻视世界"的感情。相比现代人，绳文人曾经在合理的范围内追求物品的易懂性和便利性，所以不会无谓地制作陶器出来。我的性格不够沉静，总是在慌乱之中计算得失。每当如此，房间里的陶器都会让我意识到"不要这样，不要这样！"，然后平静下来。这样说来，陶器也是生活这个课题当中不可缺少的物品。

72 天 枕头

事到如今！

一定有人想，一周之内必然会用到枕头。然而我坚持到了现在。终于用到了枕头，幸福感满满！枕头竟然能把头部照顾得如此妥帖！脑袋被治愈了，终于，我的睡眠完整了！

没有也行，但是有了真舒服！目前为止，拿回来的每一件物品都会带给我这样的感受。就是因为这些物品"锦上添花"的属性，才全部出现在了我的生活里。只是，之前我并未在意。想要锦上添花，因此选择拥有，我应该记住这种感觉。

73 | 燃油暖气
天

这是个大物件！毕竟跟健康息息相关，所以我继续充实着防寒设施。燃油暖气，通过内含油料来释放热量，所以能保证温度稳定、没有异味，而且不会让空气过分干燥。

我无论天气多冷，也不要感受到一分一秒的寒冷和不安。在寒冷的环境里，我很快就会流鼻涕，然后马上开始头疼。今天有了暖气，确保了温度，使我终于可以安心生活了。燃油暖气在旁，又消除了一个不安的隐患。防寒，是生活的基础啊！

74天 圆珠笔

我在之前这 73 天的时间里几乎没怎么写字，工作不得不用笔的时候，还跟别人借过圆珠笔。除此以外的备忘录、日记等，统统都用手机或电脑来记录。本来这样也能克服 100 天。

至于我为什么一定想要一支圆珠笔，是因为忽然心生想写信的念头。我问过自己，所有的东西加在一起也只能有 100 个物品，真的要选这么闲情逸致的东西吗？即便如此，我也还是满心满脑都是想用笔写字的念头，挥之不去。为什么到了第 74 天，会出现这样的想法呢？好像从这周开始，隐约有了开悟的感觉。

75天 浴盆清洁液

昨天拿回了笔，但手里还没有写字的载体——便笺、笔记本、日记本，什么都没有。我对于这种纸类物品的欲望，竟然没有那么强烈。

我呀，是那种非常散漫、注意力很容易跑偏的人，今天忽然对浴室非常在意。虽然日常经常打扫，但今天特别想用清洁液彻底来个大扫除。一旦出现这个念头，有了向往的物品，我的注意力就全部集中在这里了。也正是这个原因，进入这段生活之前列的物品清单，跟实际开始后的取出顺序有着天壤之别。

用清洁液认认真真擦洗了浴盆，感觉自己简直是个了不起的人物！如果说有什么物品能让人轻轻松松起来，我想浴盆清洁液算是个性价比超高的单品了。

76天 信纸

　　想给某人写信的念头，要比去年多了一些。2020 年，交流的方式肉眼可见地改变了，但不仅如此。

　　这是我最近一直在想的事情，有一种"想赶赴那段时间"的心情。开始这段生活之初，我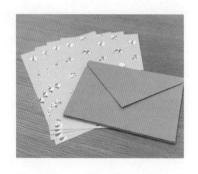切身感受到在没有手机、没有电脑的房间里，时间有多么的漫长。现在，时间流逝的速度改变了，貌似可以听到地球在转动的声音。1 个小时，却好像是永远了。曾经有那样一个夜晚，窗外的虫鸣随着微风潜入房间。我常常想起那个夜晚，不是感叹时光流逝，而是反复提醒自己：时间是由在每一个粒子中停留的瞬间组成的。永远慌张忙碌、永远步履不停，我竟忘记了张开双臂就可以拥抱无比丰富的时间。

　　"为了看光，我们长了眼睛。为了听声，我们长了耳朵。为了感知时间，我们拥有了心灵。如若何时，我们的心灵不再能够感知时间，那么与没有时间又有什么区别呢？"[* 摘自：米切尔·恩德 (Michael Ende) 的《MOMO》]

放下手中的物体，可以用心感知轮廓。心灵具备捕捉时间的能力。重新获得手机的时候，我下定决心永远记得这个感觉。然后有意地关闭电源、删除社交软件，但意外的是竟然转瞬之间就重新回到了手机依存的状态。尽管这是意料之中的事情。即便如此，无论我是个多果敢的人，也没办法下定决心远离手机。

那该如何是好？增加一点儿"那段时间"吧。穿着最喜爱的睡衣，在阳台上听音乐，涂抹让人心旷神怡的护手霜，找本书阅读。这些，就是所谓的"那段时间"。

换言之，应该符合常见的"放松很重要""慢生活"这种理念。而对于我来说，生活里只有两种时间，A 或者 B，要么在这里，要么在那里。

我想增加一些能让自己享受"那段时间"的物品。拿起书写手感顺滑的圆珠笔，给某人写一封信，就属于"那段时间"的事情。也许我福灵心至地想到圆珠笔，正是因为感知到了内心的召唤。

77天 沐浴棉

我想像刷牙一样，好好刷刷洗澡盆。从前，我被掩埋在非常稀薄的时间和非常丰厚的物品当中，没有发现我和家竟然是连接在一起的。

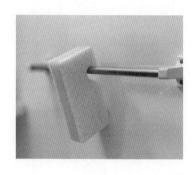

背负沉重的包袱时，包袱的边角如果碰到什么地方，身体也会有所察觉。同样，家也是我们的一部分。把家打理好，自己的心情会随之明朗起来。如果这样类比，其实扫除用品应该算是我们的身体护理用品吧。

78 天 女士剃毛刀

我想修剪一下眉毛和面部的汗毛。虽然别人应该不会在意这些微小的变化，但我总觉得修剪了汗毛以后面部更加饱满可爱。我发现，这样细小的地方却是能改变心情的，是日常生活里切实需要的。不是那种闲暇时才会想起的事情，而是优先度高的必备事件。

毕竟 78 天以来，我对此完全置之不理，所以应该并非不做就不行的事情。自治就好，不能更多，也不能更少。手指上的汗毛和可爱的戒指可以和谐共处。

79天 花瓶

　　这个，也属于"那段时间"的物品。我要增加一些这种物品。

　　我有一个朋友，每年都要到同一家酒店住上1周的时间。她说，她很享受这种一年一次的休闲。入住中意的房间以后，首先就要去附近的花店买些鲜花回来作装饰。想必，对于她来说，这是让这一周的时间更加丰盈而美好的仪式感吧。就算知道1周以后会离开，还是要装饰鲜花。或许鲜花可以让她把美好的时光留在心中。今天，我也想用鲜花来点缀时光。花朵会祝福今天的时光，所以我需要花瓶来满足花朵呼吸的渴望。

　　一瓶冬青，不规则的叶片和鲜红的果实，让四下皆空的房间活色生香起来。嗯，这就是圣诞节的气息了。

80天 | 头疼药

头疼的一天。100 天的时间里，怎么能没有身体不舒服的时候呢？可是身体不舒服，生活也要继续。身体可比挑战生活重要。虽然不需要把头疼药当作物品来统计，但是对于今天的我来说，再没什么比头疼

药更重要了。还是把它也算作一件物品吧。

回顾一下，我曾经非常辛苦地思量这 100 天到底需要用到哪些东西。到了今天，答案已经呼之欲出。好像 80 个物品，就能让我满足了。每天 1 件，这个规则本身就耐人寻味。好像慢慢吃饭，让人很容易有饱腹感一样。

81 天 小勺子

我已经有了大勺子，但是有的事情必须要小勺子才行。例如吃布丁。还有一个不能忘记的重要作用，就是吃冰激凌。

小勺子的形状，可以满足这些必不可少的欲求。虽然没有小勺子并不会发生多么严重的后果，但是恰到好处的工具会让你感觉这是生活为你量身定制的。那种满足感，难能可贵。就像身着尺码完全匹配的衣服那种感觉，行为如此，物品也如此。

82天 室内休闲裤

不不不，不完全因为前几天拿回来的紧身牛仔裤不合身。是因为用洗衣机洗了牛仔裤以后，直接开启了烘干功能，缩水了的牛仔裤更"紧身"了。仅此而已。

虽然还有一套睡衣睡裤，如果一直在家完全没问题。但是最近我被睡衣的实用性感动，想把睡衣和休闲服区分开来。这可能有点儿奢侈。

穿睡衣真的好舒服啊！是"我要睡觉了"的宣言，充满仪式感。切割时间、重新计时。为了守护睡衣的神圣领土，我拿回了在家穿的休闲裤。内心和腰围，瞬间都放松了。

83天 眉粉

随意翻翻以前去新加坡旅行时的照片，发现自己还是喜欢那时候自己的脸。原来，我并没有因为挑战简单生活，减少了化妆品，然后爱上了素颜的自己。我以为我会爱上素颜呢！

现在这张脸，明显缺少点儿什么。从某种意义来讲，眉毛是脸上最重要的部分。何况眉粉还可用来做鼻子两侧和下颌的阴影。在这个火柴盒大小的盒子里，装了可以满足面部妆容 70% 的材料。它的实力不容小觑。

在连线网络会议的时候，因为室内没有风，所以没人知道我的刘海儿下面没有眉毛。我想要眉粉。我深深地感到化妆品是脸的一部分。

84天 《为了更好地体验这个世界》

这本书正好适合当下的我。封面设计简洁而美好，大片的留白让人可以联想到简单生活的生活方式。回到从零开始的生活，好像自己是一个一无所知的人，每天都沉浸在强烈的新鲜感中。但是也许，我很快就会忘掉这样

的感受，被什么事物所左右，让自己的感性变得像塑料一样光滑无感。我想挽留当下的感性认知，想要好好探究品味世界的方法，于是选择了这本书。翻开书，我意识到自己对生活中的一些事情见怪不怪，同时又把注意力放在无关紧要的事情上。"是呀是呀，因为过上了简单生活啊。"如此想来，好像自己已经得到了救赎。说到"见怪不怪"的例子，首先就是"呼吸"这件事儿。呼吸！呼吸的存在，要比四下皆空的生活早很多。所以现在看来，我并没完全回归"原点"。书籍里写的，通常都是人们想知道的事情。我们不是因为想了解什么事情去刻意挑选有相关内容的书，因果关系并没有那么单纯。我想，一定是吸引力法则指引我们找到了正确的答案。无论你想怎样安排自己的生活，都有机会跟出发得更早、走得更远的前辈们并肩同行一段路，这就是书籍的力量。

85 天 地毯滚刷

生活在四下皆空的房间里，扫除变得轻松愉快，不需要挪动家具去根除缝隙中的灰尘了。毕竟，家里也没有家具。房间里东西多的时候，总觉得好像哪里还有死角，让人不放心。现在，一目了然就能确认 100% 干净的  房间状态，愈发喜爱扫除带来的快感。

现在，扫除是一件治愈的事情。清洁器好像一个娱乐工具。清早拉开窗帘，任凭橙色的阳光洒进来，这时候心无杂念的感觉真是无比幸福。

86天 粗粒胡椒

最近几年，留意到粗粒胡椒的魅力。无论是中餐、意式，粗粒胡椒都能大展身手，让我这个料理小白也能抵达意料之外的高度。除了青椒肉丝、培根蛋面这样的料理之外，胡椒与蜂蜜也很搭。了不起呀！有人曾经告诉我，常年在海外生活，想念日本料理，后来干脆从日本带了一瓶酱油过去。我想，与其把酱油拿到没有酱油的国家去，莫不如让胡椒遍布没有胡椒的地方。话说回来，没有胡椒的地方是哪里呢？

柿子生火腿裹奶油芝士，是一道缺不了胡椒的料理。本来我做了一些，准备用来自斟自饮的时候当下酒菜，没想到被家人发现，连盘端了去。可是，他竟然把我用心、用时间包裹起来的火腿又一片一片剥下来吃了。

87天 | 晕车药

因为一次长时间乘车的原因，晕车药忽然走进了 100 个物品的名单中。

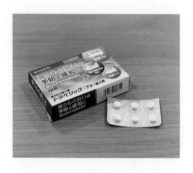

我在 100 天的挑战过程中需要的 100 个物品，并非我需要时常必备的 100 个物品。看起来有点儿相似，实则有所区别。因为我们人类，真的是活生生地生活在流转的季节里的。

虽然晕车药有用，但如果这 100 天里没什么坐车的机会，那它或许一直不会登场。但幸亏我拿回了它，才得以平安舒适地坐了那么久的车。

把必要的药物囤在身边，除了对药效的依赖以外，更需要的是"有药在身边"的安心感。或许这足以证明，我们了解自身的情况，我们珍视自身的存在。

88天 电热锅

这个电热锅，可以进行无水烹调。把食材切好，和调料一起统统装进锅里，选择菜单，按下开关，然后就可以任其自由发挥了。虽然我喜欢做饭，但免不了还有其他家务事和工作要做。我至今还记得，以前曾经发生过烧干锅的事情，焦煳的锅底、狰狞的胡萝卜……虽然百般提醒自己要记得关火，最终还是被其他琐事拖延，忘记了时间。

可以任其自由发挥，是多么值得感谢的事情。例如周日的早晨，只需 5 分钟就可以把食材全部放进锅里，按下开关。然后就能动身去公园了。回家以后，可以直接盛出锅里的咖喱大快朵颐！

在简单生活当中，我获得了让随身物品尽量简单的心得。同时，也意识到了应该让自己生活的动作也简单一些。话虽如此，最重要的可不是整齐划一的"高效化"，而是根据当下情形做出的"私人定制"。我不想追求把锅子的数量精简到 1 个的极致，也不想挑战舍弃便利家电的"脱现代化"。对于我来说，心情舒畅、体感幸福的生活，就是自己想要持续下去的"私人定制"。

89天 棉签

我喜欢抠耳朵，但没想到棉签迟迟没有登场。我想多多拿回喜欢的、让自己心情舒畅的物品。我们的生活，不是隐忍赛场，我们要在一点一滴的小确幸里热气腾腾地生活。

100天当中，使用棉签的机会并没有很多，但怎么说也是第89天了。就算从现在开始每天都用，也用不了几根。但就是这么几根棉签，就能给我带来莫大的爽快感。如果拿回物品的顺序不是按必要性来排序，而是按照舒适度来排序，可能这段生活的压力会小很多。心情舒爽不可或缺！就算为了自己，也需要创造舒适的生活环境。这是一个重要的事实。

90
天

味噌

我觉得，选择液体味噌属于简单生活的一个环节。做菜的时候，一瓶液体味噌在手要方便很多。

家人当中，其实只有我喜欢喝味噌汤，所以每次买回大爱的味噌却又每次都用不了。液体味噌不需要提前溶化，还能简简单单地用于炒菜、炖菜、拌菜里。

天气越来越冷了，做点儿猪肉汤喝吧。想到猪肉汤，就感受到了 100 分的冬日欢乐。一瓶调味料，让我的心情变得好了起来。

91天 连衣裙

开始的时候，优先考虑效率，只能选择能用洗衣机洗涤的衣服。但是现在，有几件必备服装在手，何况剩下的日子也没有几天了，今天终于下定决心拿回了时髦的冬季连衣裙。

倒不是要在外出的时候穿，是因为最近约了朋友要开一场在线忘年会，我想那时候或许用得上。反正谁也看不见，我准备下身套一条家居裤。

如果要穿这条连衣裙外出，就必须搭配合适的长筒袜、合适的外套、合适的鞋子，再搭配合适的手提包。或者，还得考虑一下合适的戒指、合适的耳环等。100天满的时候，这些东西会一下子涌入我的生活，要是幸福冲晕了我的头脑，那该怎么办才好啊！我现在期待的，并不是100天的终结，而是重新回到100天以前的生活时，我会是什么样的一种心情。

怎么办呀，解禁之后我一股脑地冲出去买福袋可怎么办？正好是打折季！福袋，是简单生活的人最不能买的东西。不不不，我不买。也许我办不到！

92天 郫县豆瓣酱

四川料理的基本，就是豆瓣酱。超市里陈列的其他豆瓣酱，很难调和出正宗的四川味道。郫县出品的郫县豆瓣酱里，除了辣椒还有蚕豆，味道醇厚香浓。

通常，我会到东京·大久保的中华食材商店，或者直接在网上购买，几乎每天都会用到。与日本料理相比，我家做四川料理的日子要更多一些。大家都习惯了这个味道，而我则会从这种调料里感受到一种人在旅途的浪漫。每天的饭菜，都好像在中国餐厅里吃到的饭菜一样。每一天都能感受到异国他乡的风情，这正是我生活的方式。

93天 一次性厨房抹布

第 69 天的记录里，我坦白了自己用不计其数的婴儿湿巾来代替湿巾，擦拭灰尘的狡猾（且不环保的）行为。

我不擅长使用抹布。明明洗得干干净净，可是晒干以后还是有异味，我总觉得它不够干净和卫生。可是每次都用漂白剂来浸泡，又太过烦琐。我知道自己有点儿矫情。对于这样懒散怠惰，但又想便捷的人来说，一次性厨房抹布给我带来了希望。

首先，它虽然叫一次性，但质量厚实，可以清洗以后重复使用。某天发现抹布开始脏了以后，扔掉就好。除了厨房之外，还能擦拭卫生间等其他容易落灰的地方。

我把可以轻松坚持下去、让人心情舒畅的物品和生活行为叫作"私人定制"。不为别人，专门为自己打造恰到好处的环境，这就是我理想的简单生活。如果用雷达图来表示，恐怕形状会非常不协调吧。

94 天 镇江香醋

这是一种用来做中餐的醋，大概有点儿像黑醋。酸归酸，醇香且有回味，我很喜欢这种味道。通常炒菜的时候会用到，但我并没觉得应该把黑醋也放进"私人定制"的 100 个物品中来。

可是怎么会拿回香醋呢？是因为今天超级想喝中国台湾口味的咸豆浆。把醋倒进豆乳里，然后稍稍凝固成小豆腐的样子。我喜欢观察这个变化的过程。搅拌豆乳的时候，能感受到温柔的情绪。绝对没有谁可以一边心情烦躁，一边凝神制作小豆腐。

最近，开了很多看上去又好吃又时髦的中国台湾料理店，我都没机会去。今天无论如何都要喝到咸豆浆才行！没有油条，就把油豆腐翻炒得干一点儿，然后点缀到上面。太好吃了！我真聪明！口感细腻、酥脆、浓香、松软！不一口气吃完就对不起我的努力！想吃什么就能做什么，我的自我肯定感又增加了几分。

95 天 电视

今天是 12 月 20 日，是 M-1 漫才大会的决赛。忍耐了 94 天 没有电视的生活，也忽略了节目 预告，但我一定要第一时间观看 M—1 漫才大会的决赛！

2020 年，搞笑节目对我心 灵的支撑力远胜过以往任何一 年。每周不落地收听的广播节目也增加了。而实时在网络更新通 告的艺人们的热情，同样给予我很多力量。这样的生活经历，让 我感觉无论世界如何变化，人类的灯火都永远不会熄灭。

如果电视一整天都开着，怕是会扰得人心神不宁，但如果 可以选择什么时候看、什么时候听、看什么、听什么，那么电 视就不再是时间的敌人。在我的生活习惯里，手机才是真正的 时间小偷。

96 天 花椒

四川料理的必备调料，带来麻酥酥感觉的小东西。我家四川人很多，调料口味比较重，连续 96 天没有用到花椒简直太稀奇了。解除对花椒的封闭吧，来做点儿麻酥酥的料理！我还没有走进厨房，家人们就已经在陆陆续续地准备麻婆豆腐和水煮牛肉了。我进入简单生活之前，为了不给家人带来困扰，本想让大家尽量自由自在地生活，但不经意之间忽略了花椒的重要性。

味道钻进了鼻子、进入口腔，麻酥酥的！这种感觉真有趣，不是说有多好吃，但就是乐趣无穷。调料，能给味觉和日常生活带来意想不到的刺激。

97 天 ## 防晒妆前乳

与季节无关，常年涂抹防晒乳。虽然开始的时候意识到外出时会用到，但想着反正有口罩，就一而再，再而三地拖到了现在。仔细想想，口罩的功效可比不上防晒乳。我最近发现额头和脸颊的肤色开始不一样了，不禁哑然失笑。虽然已经晚了，但既然已经发现，就不能置之不理。

这款乳液，也是一款优秀的妆前乳，涂了以后能让肤色瞬间明亮几个色号。对着镜子，会明显感到脸上有光。可以说，这是面部专享的提亮用品。虽然每天的素颜让我乐得轻松，但我也喜欢化妆品给我带来的快乐和自信。

98天 保鲜膜

这是一个拖了太久太久的重要物品。因为没有微波炉，所以剩饭剩菜少了。剩饭剩菜少了，所以保鲜膜的重要性下降了。这是连锁反应。我曾立志非必要不再使用，可还是又见面了。

在进入简单生活之前，每天都要用到微波炉。但没想到，就算没有微波炉，生活也全然没受到影响。热饭热菜的话，可以用炒锅炒或蒸，而且这样还更好吃一点儿。特别是冷冻的章鱼小丸子，油煎的味道要比微波加热好吃太多了。更别说大包子了，它果然是蒸着吃最好吃。

微波炉其实完全没必要。即便如此，可能我以后还会每天用到。这就是现实的我。

99天 烤箱

昨天刚刚大放厥词说不需要微波炉，今天就入手了烤箱微波炉。但是，我的目的可不是微波功能！今天是12月24日。圣诞节，是一年当中最需要烤箱的时候。烤蛋糕、烤火鸡、烤面包。好忙呀！

也许没有烤箱，也能应付过去。但我觉得圣诞节不应该将就，况且准备的过程多欢乐啊！烤箱，就像圣诞节的百宝箱一样。

此外，我有一本很经典的食谱，想试试看。晚餐有圣诞冷盘和比萨。看起来比食谱更丰

富，真不愧是我！没有小星星的模型，就用菜刀勉强切了个星星出来。我想保持每一年的习惯。

100天 | 给家人的礼物

圣诞节其实什么都不需要了。我今天想要的，只有圣诞的美好时光。赠送礼物，要比自己收到礼物更快乐。

我知道了。我已经获得了充分的满足。而且，疲于对物的欲求。我本以为 100 个物品完全不够用来着。在我的推理中，物品的增加会带来生活的便利，所以第 100 天一定比第 1 天幸福很多。可是到了最后，我却想从对物的欲求中逃离。

在无意识地伸手获得的日子里，我觉得那是稀松平常的生活。这段一天只能拿回 1 件物品的生活告诉我，由衷向往什么东西的念头太过执着了。本来是需要能量的行为，却为了追求效率和满足惰性而选择"不劳而获"。在这样的日子里，人的感性神经怎么能不关闭呢。已经不需要了。虽然这么说，但是眼下手里的物品还远远不够。没有手提包，没有钱包。或许今后它们对我不再重要了？抑或我已经用这 100 天的生活证明了，没有它们我也能生活得很好？两手空空的我，不是也没有心神不宁嘛。好像真实的自我更加强大了。就算没有也没关系，那就意味着如果拥有就要珍惜、喜爱。哦，是的。这就是以后选择的方式。

101
天

完成简单生活的实践以后，搬回了原来的家。进入房间，那些杂乱的物品一股脑涌进了我的眼帘。看起来时尚、买回来难用：一个树皮编制的小篮子，一直不舍得扔掉的可爱的进口啤酒小罐子，不用但一直放在厨房里的玻璃果盘，没有意面的意面盒子。

算了吧，不看了！对不起！我能花心思去想的事情有限。到了再见的时候就说再见吧。简单生活的第 101 天。从此，我将踏上新的旅程。

100天以后的排行榜发表！

○这100天幸亏没用到的物品排行榜

1名	微波炉
2名	衣架
3名	电饭煲
4名	手提包
5名	钱包

其他还有吐司炉、雨伞等。没有用到雨伞，只是因为走运。

○有了就很方便的物品排行榜

1名	洗衣机
2名	全身沐浴露
3名	两面可穿的衣服
4名	冰箱
5名	锅具

在100这个数字的局限中，兼具2种以上功能的物品绝对是正确之选。

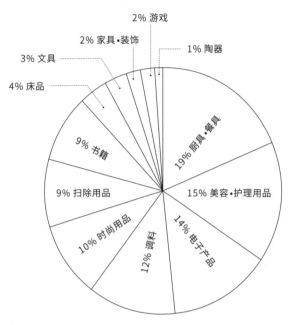

[**100**天里入手物品的分类]

2% 游戏

2% 家具•装饰

3% 文具

1% 陶器

4% 床品

19% 厨具•餐具

9% 书籍

9% 扫除用品

15% 美容•护理用品

10% 时尚用品

14% 电子产品

12% 调料

○ 心之向往的物品排行榜

1名	书籍
2名	耳机
3名	陶器
4名	花瓶
5名	卡片玩具

开始的时候，受到数量的局限，尽力选择厚一点儿的书……但是渐渐地，我开始无视厚度，优先考虑自己的喜好了。我不知道如果做不了想做的事情，活着的目的是什么。

来创作属于自己的
"**100**天简单生活清单"吧!

如果大家试着过 100 天里每天只增加 1 件东西的生活,会在第几天拿回什么呢?

每个人的结果都一定不同。于是,我做了"100 天简单生活清单"。清单有两种格式。一种是 Excel 格式,大家可以直接在电脑上录入;另一种是用于打印或另存的 PDF 格式,请大家扫描下方二维码,下载以后填填看。

当然,在心里过几天假想的简单生活也没关系。

如果您真的想挑战 100 天的简单生活,这张清单一定能派上用场。一口气填好 100 天的内容太麻烦了?如果有这种顾虑,可以有选择地填写第 1 天和第 100 天,第 1 天、第 10 天、第 20 天……无须勉强自己,轻轻松松地去体验才会有乐趣。

提取码 6688

第 2 部分

100天后的
100个发现

不是在减少，而是在逐一增加的
过程中意外发现的物品意外价值和生活理想

衣

关于服装鞋帽的发现

——穿、戴、时尚、保暖、洗涤

◎ 鞋子让世界变得更广阔

目前为止，我觉得鞋子是既方便又时尚的单品。走很多路的日子穿运动鞋，穿连衣裙的时候配黄色的高跟鞋，下雨的时候穿雨靴，随机应变。

鞋子的存在是理所当然的，我从没考虑过没鞋穿的状况。如果仔细想，我从没鞋到有鞋的过程中，感觉到鞋子是一种革命性的工具。没有鞋子的世界很狭小。没有鞋子，不能出门。有了鞋子，才能踏出家门。不夸张地说，拥有鞋子的过程是进化的过程。

受到 100 个物品的限制，显然我没有能力拥有很多双鞋。这种时候我选择了一双白色运动鞋。在考虑到日常穿的衣服和要去的地方时，这无疑是一个最百搭的选择。虽然容易脏，但好在材质容易清洁，所以无须担心。最重要的是，准备起身出门的时候，白色往往是最清爽、不会出错的颜色。是的，白色是百搭的颜色。

◎一件昼夜变化的睡衣

为了实现极简，取物的方针是一物多用。尽管如此，睡衣的魅力却是其他衣服无法取代的。

首先，只要有喜欢的睡衣，就能得到"穿着喜欢的睡衣度过的美好夜晚"和"穿着喜欢的睡衣度过的美好清晨"。穿上睡衣，是夜晚的开始，脱掉睡衣，是一天的开始。我感觉睡衣拥有其他衣物无法替代的仪式感。更换睡衣的时候，要么结束了一天，要么迎来了新的一天，这是对自己的安慰，也是对自己的声援。

简单生活中，生活轮廓愈发清晰。在我的理想中，健康生活的一部分就是可以自行察觉到时间的流逝。如果想在不那么刻意的情况下察觉到时间的流动、控制时间的节奏，那么您一定也需要一套能放松心情的睡衣。

◎别人觉得你总也不换衣服也没什么问题

性格的原因，我会很在意别人的目光。我经常想，可不要让别人觉得我总是穿着同样的衣服呀。工作的原因，我总是要与形形色色的人接触，所以每次出门前都不得不努力回忆：上次我是不是也穿了这件衣服来着？结果有些明明很喜欢的衣服，却在穿过几次以后就束之高阁了。

但如果仔细想想，我几乎完全想不起来今天见的人穿了什么样的衣服。匪夷所思。我记得见面的时候感觉对方穿得很时髦，但到底是什么颜色的呢？莫非，别人也是这样的吗？

实际上，与其说是不想被别人说总穿同样的衣服，不如说是自己厌倦了总是穿一件衣服。我是三分钟热度的人，好几次把爱不释手的衣服买回家以后，穿过两次以后爱意就会减退。或许"不让别人觉得我总是穿着同样的衣服"只是一个借口，我真正应该面对的问题是为什么会心生厌倦。

大概谁都不会认真去纠结"他／她怎么又穿了一样的衣服"这种小事。就算真的被人关注，也可以堂堂正正地答复："是的，我的偶像是史蒂夫·乔布斯！"我不应该找借口放弃只穿过两次的衣服，而应该成为一个无条件喜爱自己的衣服，然后堂堂正正地穿它们出门的人。

◎真正喜欢的衣服百穿不厌

我很庆幸自己终于注意到了这个事情。曾经有很多次，我对自己说，反正你也是个三分钟热度的人，所以一件衣服穿几次就腻烦了也很正常。

事实并非如此。因为每天只能取出一个物品，所以我花了些时间仔细思考究竟要选择什么。这个过程，可不是一拍脑门就能决定的。首先，我要倾听内心深处涌出的"我，想要这个"的要求，然后跟自己的大脑商量，最终一个一个地定下来。如此选出来的衣服，"真的"都是我喜欢的衣服，而"真的"喜欢的衣服果然百穿不厌。

这里所说的"真的"，是自己未曾发现的真实。可以将其定义为尚未注意，更可以将其解读为尚未出现的"真正的喜欢"。之前在犹豫不决的过程中浪费了很多时间，好在越是花时间去思考、花时间做出的选择，越能对所选的结果倾注更多的爱意。烦恼中，喜欢的东西的轮廓逐渐清晰起来。懂得为什么喜欢，才会更加珍爱。

◎了解自己的服装偏好很重要

我喜欢卫衣。即使有朝一日成为老奶奶，也一定还是喜欢穿卫衣。这次的挑战，让我更加清晰地认识到了这一点。我这段时间穿卫衣的次数比平时更多，但完全没有厌倦。只要戴上兜帽，随时可以进入一个人的世界。如果可以的话，绝对要有那种带口袋的卫衣才行。

就算有 1000 件衣服，恐怕也不如了解自己真实的服装偏好更重要。所谓的服装偏好，既可以是喜欢的颜色，也可以是喜欢的风格，更可以是符合自己身材或气质的款式。这些都可以。

偏好这件事很重要。生活的偏好，自己的偏好，就连一些我们肉眼不可见、说也说不清的东西，往往也拥有自身的形态。这些形态就像拼图的碎片一样存在着。我们用自己的偏好，从生活中选取这些能吸引我们的、闪闪发光的碎片。生活，不就是我和这些碎片构成的吗？

◎如果衣服太多，就只能穿60分的衣服

在简单生活中，可以选择的余地太小，所以不会因为选择而烦恼。拿起刚刚洗干净的衣服，穿上就行了。可以省略挑衣服的环节，就相当于省掉了一项家务事，带来无事一身轻的感觉。

以前，就算不出门见人的日子，也要犹豫一下应该穿什么。毕竟待在家里，不想穿得太过隆重。但如果穿着过于休闲，又总觉得没有精气神。曾经有过那么几次，我花了十几分钟的时间纠结应该穿什么衣服。户外服饰，还是居家服装？纠结至此，我觉得选了哪一套可能都只能带给自己60分的满足感。如果为难成这样，也只有60分而已，也太不值得了。反复几次下来，我甚至觉得善待自己这件事儿本身太过辛苦！

这段时间我一直穿着白色的衣服。我喜欢白色，脸色也能在白色的映衬下更耐看一点儿。对，就好像是衣服的反光板。而这段时间让我一直缩手缩脚，总担心酱油迸溅到衣服上。如果那样，我就再也没衣服换了。其实，我是特意把白色的卫衣带进简单生活里来的。衣服少，只能穿白色的卫衣，这是我想试着体验的生活状态，那种不用担心会不会弄脏，可以不容分说地只穿白色的生活。

好舒服。只有喜欢的衣服，所以只能穿喜欢的衣服。虽说每天都穿同样的衣服，但和学生时代的校服可是完全不同的感觉。

◎耐洗的服装质地，才能帮你减少服装数量

因为开始的时候只有两身衣服换着穿，所以可以每日清洗、能速干的款式是我的首选。在此之前，"好洗"这个项目并非我买衣服时要考虑的条件。所以手里的衣服要么洗了一次缩水，要么洗了以后变形，最让人遗憾的是一条在洗衣机里变得支离破碎的百褶裙。

当然，必须要有几件拥有美丽蕾丝的时尚服装，以备不时之需。相比之下，日常生活的基本需求是结实耐用的衣服。我觉得，在所有的衣服当中，不得不送去洗衣店的衣服大概有个一两成就够了。我目前的服装储备里，80% 的衣服都不怎么耐洗，剩下的20% 都是经常上身却十分结实的衣服。选择衣服的时候，我们的眼光需要更长远一些，要以舒适为主，兼顾环保。

◎洗衣机的本质是脱水功能

再次拥有洗衣机的时候，最为敬佩的就是它的脱水功能。在手洗的时候，不仅需要花费大量的时间去拧干衣服，而且还因为越拧衣服就越皱巴巴而烦恼不已。真是想拧又不能拧啊。我该如何是好呢？此情此景之下，我领悟到能利用离心力把衣服甩干的洗衣机简直是人类之光。至少，我无法代劳。

洗衣机同时还拥有干燥功能，把脏衣服扔进去以后，大概 3

小时就能让衣服恢复到可以穿的状态。没有了手洗衣物的时间和等待晾干的时间，这是洗衣机送给我的自由。干燥完成的衣服和毛巾，热乎乎、香喷喷，让人爱不释手。我知道这并非洗衣机为我提供的特殊服务，也知道洗衣机只是用热能烘干了衣服而已，但还是感受到了来自洗衣机的爱。心里一旦滋生了对洗衣机的敬意，爱意就愈发浓了，幸亏经历了这段短暂的分别。可能是我想多了，但我觉得跟洗衣机是双向奔赴。

◎如果有口袋就不要包包

我试着过了一天没有包包的生活。这得益于以远程工作为中心的生活状态，也要感谢可以送货上门的网络超市。因为早已适应网上支付的方式，所以一整天下来连钱包都没用到。

如果短时间出门，只要穿上有口袋的衣服，就完全可以不需要包包。反过来说，如果不带包包的话，衣服上就必须要有口袋。有口袋的衣服，拥有等同于一个小包包的附加值。

今后，如果不是因为什么特别的原因，我大概不会买没有口袋的衣服了。开始简单生活以后，如果不能时刻保持身轻如燕，心情就不能放松下来。如果有出远门的打算，我觉得可以把那个皮质的母婴背包拿出来用。总之，能解放双手就好。

◎防寒优于一切

9 月中旬的时候，我进入了简单生活的挑战。从夏末开始，在圣诞结束，季节在这 100 天的时间里变了又变。每下一场雨，气温就下降一次，转眼之间就嗅到了冬天的气息。前天很热，昨天很冷，然后今天又变得热起来！这样的温度骤变频频出现。本来想着明天应该拿回筷子……但是一想可能马上又要降温，筷子的计划就被搁置了。取而代之的全都是"必须拿回防寒用具"的念头。

身体末端怕冷，一冷就头痛，冻的时间长了会出现扁桃体发炎的症状。我身体不适的时候，通常都是由寒冷所致。防寒服、毛毯、暖炉等，想要的东西太多了。如不尽早拿到防寒用品的话，其他所有的活动都会受到影响。当寒冷突然来临的时候，防寒用品的重要性终会像黑马一样跃升到最高顺位。总之，先封印住寒冷，别的稍后再谈吧。

今后也不能对寒冷疏忽大意啊！另外还想到，对露宿街头的人、轻装远行的人、随身物资有限的人的防寒的关怀，是一件太重要的事情了。

关于食物的发现
——吃、喝、做、盛、保存、调味

◎冰箱就是时间机器

众所周知，没有冰箱就不能给食物保鲜。也就是说，每一天都要采购当天的食物，而且当天必须吃完，这可比想象的麻烦多了。突然像荒岛求生一样，满脑子都是食物的事情。没有冰箱的日子里，我只能生活在当下的这一天，餐饮生活的时间轴上没有了过去和未来。

拿回冰箱的时候，感触最深的是不会再受到食物保鲜期的束缚了。我就像打开了新世界的大门，未来、预定、计划这些词汇映入眼帘，给人一种发现了时间概念的全新感受。那些当天不吃完就可能会坏掉的食物，现在可以留到明天或后天了。将临近保鲜期的肉类放入冷冻室里，还可以延长一段保鲜期。我觉得，冰箱几乎等同于时光机。把食物放进冰箱，就像是把食物传送给了未来的自己。

◎香蕉太方便了

香蕉真的太方便了。便于携带，便于切割成小块，便于剥皮，手脏的时候也能毫不在意地剥开吃。而且香蕉的味道一点儿都不酸，没有籽，口感润滑，可以常温保存。只要看上一眼就知道新鲜程度。

在没有菜刀、餐具、冰箱的时候，香蕉帮了我大忙。这是何方神物！我在心里赞叹："天啊，这是不是有点儿太方便了？难道这就是简单生活的官方水果？"我查阅了一下，方知现在的香蕉是经过人类多次改良之后才出现的。成就人类的，并非神力。当我看到野生香蕉的照片时，竟然发现了很多很多的大个香蕉籽。

但是，便于切割、便于剥皮的特性，是香蕉与生俱来的特征。香蕉的叶子也很结实，古时候人们曾用香蕉叶子来当盘子和蒸菜器皿。你看，其实香蕉还真是很了不起的水果。

继续阅读资料，我发现了亚当和夏娃吃的禁果可能不是苹果，实则大概率是香蕉的说法。如果没有挑战简单生活，一定没机会认识真正的香蕉，也不会由此产生对禁果真相的思考。在见惯不怪的生活里，竟然还隐藏着让人惊讶的发现。

◎微波炉不是生活必需品

原以为是必需品，但微波炉竟然真的是可有可无的物品之一。在以前的生活里，我习惯用微波炉把冷冻的块状蔬菜加热到变软、解冻冷冻食品或者加热剩饭剩菜。一天下来，总会用上几次。

但在我知道了正确的烹饪方法以后，才懂得把块状蔬菜弄软并不是多难的事情。实际上也有很多冷冻食品更适合用平底锅烹饪，至少味道比微波炉烹饪的要好吃一些。剩下的饭菜用锅加热就可以了。

这里，产生了一个问题。用锅加热剩饭剩菜时，需要增加洗锅的环节。即使只需要洗一个锅，却也是一个麻烦事儿。所以说到底，应该怎么办呢？最好从源头减少剩饭剩菜就好了。只做正好的分量，当天的饭菜尽量在当天吃完，当冰箱里不存在剩饭剩菜的时候，冰箱也随之变得不再拥挤。这样一来，还省下了保鲜膜。没有微波炉的生活，并没有想象中那么不堪，反而出现了积极的影响。姑且，让我们将其称为微波炉的蝴蝶效应吧。

*蝴蝶效应：指初始条件下微小的变化，导致长期而巨大的连锁反应。

◎只要有1个汤勺就够了，万物不过如此

在挑战简单生活之前，我有 8 个汤勺。这可不是我刻意买回来的，而是在生活的过程中自然积累下来的。事实并非如此，但是我的感觉如此。托这 8 个大汤勺的福，我的抽屉总是很杂乱，这也使我感到烦躁。

从零开始进入这段生活，然后时隔许久才与大汤勺重逢，那个时候心里真的对汤勺的便利性感恩戴德。是的是的，就是这种手感，能一次取这么多的汤，太厉害了！在心里正痒痒的时候，得到了梦寐以求的汤勺，不得不说眼睛都在放光。当我在拥有 8

个汤勺的时候，从未意识到汤勺的闪光点。这么方便的东西，赐予我 1 个就足够了。正因为只有 1 个，才能倾情去爱。正因为只有 1 个，才能记得闪光点。

◎电饭煲不是生活必需品

所有的人都提醒我，电饭煲是厨房必备的电器产品。可是在我的生活必备前 100 件物品中，并没有出现电饭煲的名字。

我曾认为用锅煮饭很难调节精准的水量和火候，所以一直心有抗拒。

但意外的是，水量和火候差不多就行。把等量的米和水放在锅里，点火加热。等到差不多好了，最好再盖着盖子焖一会儿。如果担心煮饭时米汤溢出来，可以把木质（竹质）饭勺放在锅上，饭勺能吸收汤汁，这样就不用一直吹气儿了。而且我觉得，这么做的饭更好吃！每天煮饭的时候，都像在野营一样兴奋。

话说回来，100 天的简单生活结束以后，还是不想用电饭煲吗？倒也不是。我终于还是拿回了电饭煲，不好意思。因为家里有小朋友，用火煮饭的过程中如果离开厨房，难免有所担心。况且做饭的时候要用到一个锅和燃气炉，这也不够方便。于是，只要按下开关就能煮好饭的电饭煲回到了我的身边。是否用电饭煲煮饭，直接决定了家里需要几个炉灶。话虽如此，一旦有了紧急情况，随时都想用锅做饭的心情真是太好了。

◎如果没有吐司机

我觉得在经历了这 100 天以后，生活里缺少几件物品也无伤大雅。例如钱包、电饭煲、衣架、包包、吐司机等。实际上，我在 100 天后仍然没恢复使用的物品只有吐司机。

我是电子货币的拥护者，但是因为喜欢在自动贩卖机购物，所以还是会用到放零钱的小钱包。虽然学会了用锅做饭，但一键式电饭煲毕竟更方便。衣服虽然在慢慢减少，但并不意味着可以没有衣架。不能把一些重要的文件放进口袋里，这时候手提包必不可少。100 天虽然不需要，但并不意味着 365 天都不需要。

我喜欢吐司机。可以用来烤面包，也可以用来烤香菇干。但是，只要有了烤盘或平底锅，这些在炉灶上也能做到。所以很抱歉，请吐司机退场吧。

◎一直用饮料瓶代替杯子会降低自我价值感

在必须不断收集各种生活必需品的情况下，我开始几周拿回来的马克杯和玻璃杯可谓是奢侈品。有那么一个瞬间，动心于可循环利用的空塑料瓶，只有一瞬间。究其原因，是我觉得这样会影响心情。或者说，有损于心情。

每次拿起塑料瓶喝水的时候，都不得不面对"用塑料瓶代替杯子的生活"这样的事实，这是一个让人感到没有善待生活的事实。久违地往玻璃杯里倒水的时候，珍爱自己、珍爱生活的踏实感油然而生。

活了这么久，往杯子里倒水的行为早已成为无关紧要的习惯，但这个行为里却融入了对自己的尊重和善意。当我拿回红酒杯的时候，直觉告诉我"这就是祝福呀"！

◎打开牛奶盒子，可以当作菜板来用

拿到菜刀的那天很高兴，但我马上意识到没有菜板几乎什么都做不了——除了在手中削苹果皮，还有在手掌上切豆腐。菜板是菜刀的重要伙伴。灵光乍现的时候，我觉得可以用牛奶盒子来代替菜板。牛奶盒子的纸张相当结实，完全可以放心使用。盒子打开以后的折痕，正好能让切好的食材顺利滑进锅中。就算后来又重新开始启用菜板，我还是觉得牛奶盒子可以用来切肉和鱼，干净又方便。如果说还有什么别的用途，应该就是适用于跟别人一起做饭但家里只有一张菜板的情况。

虽然是琐碎的小事，不过"用牛奶盒代替菜板"的灵光闪现，直接激发了我对生活的热爱。用心思考的我，太棒了！一点点被激发出的斗志，就是愉快生活的诀窍吧。

◎没有筷子只能做饭团

我会用手抓着饭吃。这可是在孟加拉国学习的时候意外获得的技能。用指尖把咖喱和米饭混合在一起，用手指送进嘴里。那种美妙的手感，至今还残留在我的指尖。

即便如此，在我的日常生活中也不能一直用手吃饭啊。这并不是说客观上做不到，而是在这个文化氛围里不想那么做，心里略有抵触。

我虽然能用锅煮饭，但没有饭勺和筷子就没法吃饭。还好，这种时候可以用饭团撑场面。做饭团的时候，直接上手也没关系（但是别忘了要好好洗手）。得到筷子以后，我获得了可以正常吃饭的自由，也拥有了直接拿起滚烫食物的能力。对了，好像有种装配在指尖上的工具，可以帮助人类进行细致的作业。这是文化，是工具，是装备。筷子好厉害，感恩筷子。

◎烤箱是圣诞节的必需品

觉得不需要微波炉，所以一直没拿出来用。但在第99天的时候，有了必须使用烤箱的理由，于是选择了烤箱微波炉。因为碰巧那天是圣诞节呀！说到圣诞料理，人们耳熟能详的食物竟然都要用到烤箱，这真是匪夷所思！

这100天里，除了圣诞节以外几乎没有遇到什么节日。但在圣诞节之后，连续5个月都会有家人过生日，这意味着每个月都要烤蛋糕。如果这100天的挑战刚好遇到这个生日高峰期，拿生活必备100件物品的清单里，还得加上做蛋糕的旋转台、面包刀、电动打蛋器等吧！我可从没想过，蛋糕旋转台会进入自己人生所需的物品清单里，但事实证明，它可是连续 5 个月都会用到的常备用品呀！

生活里，对自己来说不可缺少的物品不断改变着，也必然会发生改变。

◎盘子不能盛汤

这是理所当然的事实。但这一次，我才真正深刻地认识到这个事实。这段旅途，我像一个新生儿一样，不断发现着"理所当然"的事实。

终于拿出餐具的时候，已经来到了第 18 天。之所以选择盘子，是为了用一个餐具同时盛米饭和菜。我的目标是方便快捷，但是盘子的绝对弱点是——不能盛汤！

我喜欢热腾腾的汤，但肯定不能直接用锅喝。如果那么喝汤，嘴唇和锅会"融为一体"吧。不管你有多厉害的物品，只要没有深度适宜的容器就没法喝汤。喝汤而已，这么简单的事情却被小小的容器限制住了。我想，这就是工具的伟大之处。所有工具的诞生，都具有革命性的意义。

有了"我想这样生活"的畅想，才能获得理想的工具。决定拿回盘子的时候，自己缺乏了这种想象力。第一个器皿选择大碗就好了。我得让理想和现实结合起来。我觉得这是选择物品时最基本的思维。

◎小勺子是布丁和冰激凌的必需品

绝对每个家庭都有小勺子，但好像 100 天的生活里就算没有小勺子也不会怎么样。这个小勺子，明明没有被列入必备 100 件物品的清单里，却在某个瞬间重重地强调了自己的存在感！那个瞬间，就是我想吃布丁和冰激凌的时候。

大勺子不行，因为我想细嚼慢咽地好好吃。筷子和叉子也不行，根本盛不起来啊！一点一点地盛出来，小口小口地品尝，这个过程本就是吃冰激凌的乐趣所在。

原来如此，貌似小勺子本身进不了必备 100 件物品的清单，但整整 100 天都不吃布丁和冰激凌是绝对不可能的。除此之外，还有很多这样的专用物品吧。必要物品的排行榜与使用频率不成正比，它们直接跟必要的活动紧密相连。

◎没有调料的时候大展身手的培根和酱汁青鱼

也不知道在今后的人生中，什么时候才能再次用到这个知识点。因为刚开始的时候没有调料，也不知道应该怎样给料理增加味道。

这个时候，培根给我带来了希望。借助培根的咸味，各种菜看一个接一个地端上餐桌。白水煮煮就能很好吃的东西，只有红薯和南瓜。简单烤烤就能很好吃的东西，只有鱼糕和青椒。在嘴馋的时候，幸亏还有酱汁青鱼的罐头可以解馋。

我觉得调味这件事，是一件非常人性化的行为。有很多原味就好吃的食材，但心里总觉得欠缺了点儿什么。如果说用火把食物做熟是为了容易咀嚼和消化，那么调味就是为了更加愉快地生活。假设只有一种调味品，我觉得也能给人类带来对生活的希望和向往。

◎在只有油和盐的烹调过程中快速学习

我喜欢做菜。但是，什么都不会做。我一直认为如果没有鸡精、老汤和鱼汁调味的话，菜肴就会寡淡无味。事实证明并非如此。蔬菜也好，肉也好，本来就有味道。反倒是经常用浓烈的调料来料理的行为，让食材本身的味道枯竭了。

切法、放入材料的顺序、火候、煮的时间，这些事情左右着菜肴的风味和口感。比如胡萝卜汤，有着像花束一样的香味。吃进嘴里，好像第一次真正认识了胡萝卜。适当的烹调方法，能充分发挥出食材本身拥有的潜力，如果达到了这个水平，其实除了一点点的盐以外什么都不需要。

先把平时的调料收起来吧，只留下盐和油来烹调。然后自然而然地与食材本来的味道邂逅，同时学习提炼出食材自身魅力的烹饪方法。原来这才叫作烹调。

◎与调料相比，铁锅对味道的影响更大

烹饪方法会改变味道，烹调用具也同样会改变味道。当我试着用最少的调料来学习烹调基础知识时，我惊讶地发现对烹调用具的选择和信任同样重要。既然要重新开始，我希望能跟所有的烹调用具之间达成共识，实现这个锅用来做这个、那个锅用来做那个的默契。

不锈钢锅也好，铁质平底锅也好，平时随便用用的时候，总给人留下"容易粘锅""不好洗"的印象。但是如果心平气和地正确使用的话，其实并没那么难处理，而且它们都是能烹调出上佳美食的好伙伴。

比起味道，我更看重香味，在我仔细钻研美味何时出现的过程中，知道了美拉德反应（食材中含有的氨基酸和糖通过加热相互结合的化学反应），懂得了运用蒸或无水烹让成分能更加浓缩的重要方法。能实现这种功能的锅，有时比调料的作用更加重要！

◎调料带来的刺激与外卖和旅行不相上下

话虽如此，调料是一种有趣的东西。小小一瓶，就能带来旅行一样的心情。我喜欢用自己的双手再现出曾在餐厅和旅途中吃

过的味道。例如，网红店经常出现的粗粒胡椒、四川料理所用的正宗调料等，都是我家厨房的常用调料。凭借舌头的记忆，那一天、那时候的味道在我的家里复苏了。

2020年，几乎一整年都没能旅行，甚至在外面吃饭的机会也很少，所以我好像报复性地买了好多调料回来。要完美再现相同的味道可太难了！但只要"有点儿像那时候的味道""刚刚有一瞬间找到了那家店的感觉"就好。为了唤醒曾经那些星星点点的回忆，我用调料来烘托味道，也乘坐调料列车踏上时光之旅。

◎挑战简单调料，与挑战简单生活有异曲同工之妙

在决定进入这个生活方式的时候，我一度困惑于应该如何定性调料，如果和食材一起归类，则可以不作为计数对象随便使用。但也不知道为什么，最后还是把调料当成了单独的品类来统计。真的不知道为什么。虽然调料并不是什么物品，但毕竟是对生活有点儿影响的东西。我此前提过，有人去海外旅行的时候一定会随身携带调味用的味噌。

从结果来看，这个判断是非常正确的。在直面学习烹饪方法和了解食材的挑战后，又面临了一个崭新挑战。那种感觉就像置身于一场叫作简单生活的宏大剧目中，我像一个小小的人偶一样努力挑战着极简风格的调料。这些挑战每一个都是我至今为止没太注意到的东西。我们需要重新建立一下关系。

◎熬出浓汤的过程，就像感受时光的生活

在挑战极简调料的过程中，我意识到发挥食材本身的美味要比人为"调味"更重要。发挥食材美味的诀窍有很多，例如把蔬菜炒了之后再煮；或者不要等水沸腾起来，而是在水刚刚开始冒泡的时候放入蘑菇，仅此而已。

如果用什么来形容我从前的生活，就好像是把豆瓣酱扔进锅里，然后一种浓烈的香辛味扑面而来的感觉。如果觉得有点儿无聊，就去购物；一边看动画一边喝酒，可能还同时玩着游戏。偶尔如此，倒也不坏。但现在有机会远离所有的东西重新开始，让我想起还有很多其他的方法来品味时间、填充生活。在安静的房间写写信也好，看看窗外的夜景也好，真的都是一些不足为外人道的小事。

外在的刺激固然精彩，但是细熬慢煮出生活本身的味道，才能让生活更加值得品味。也许有一小捏盐就够了。今后，就这样咕嘟咕嘟地慢慢品味生活吧！

◎食谱就像生活之旅的导游书

过着一天只能选择 1 样物品的生活，有一天我忽然想，信息比物品更重要啊！特别是在拿到了烹调用具和调料之后，我萌生了想要更有效利用它们的心情。可是，眼下手里的信息量太少了。

从前都是在懵懂之中胡乱使用，但现在我觉得应该好好学学怎么跟它们认真相处。

在重新建立生活体系、积累生活物资的时候，食谱是相当重要的信息。用这双手创造出满意的东西，然后用五感来品味，也许这就是创造属于自己的生活的捷径。按照食谱操作，就好像在把他人的行为复制到自己的身体上。就算没见到陌生人，也能感觉到日常生活里吹进了一股新鲜的风。

经常做饭的人，怕是闭着眼睛也能靠手感做出自己喜欢的味道。但是如果有食谱的话，自己的双手竟然可以创造出截然不同的味道来！这不就是身在家中的旅行嘛。

◎最多的竟然是厨具和餐具

我试着把 100 天内取出的 100 件物品做了分类，没想到选择最多的是厨房和餐具，一共取出了 19 个物品，占总数的 20% 左右。除此之外，还有 2 本食谱！原来饮食在我的生活中竟然如此重要！人不吃饭就活不下去，可能这也是人类的本能吧！但做好饭菜后盛在盘子里吃，这样的动作行为似乎更能说明问题。

挑选食材，买回家，按照自己的方式用厨具烹饪出来，放在喜欢的盘子里。整个这个过程，都体现出了强烈的个人风格。这个风格更自然，比爱好和娱乐更接近本我。即便我们没有意识到，也一定会在这个过程中被生活治愈。

用工具做自己想做的东西。夸张一点儿说，这既是料理的结构，也是生活的基础。生活的基础是创造，这也是我们和工具进行交流的瞬间。那么，书稿就在这里告一段落吧。我要去按照自己喜欢的风格做个午饭了。

关于居住的发现
——房间、空间、内饰

◎阳光是可移动的内饰

在这 100 天里，我也接受了一些采访。其中有一家介绍房间装饰的媒体，要求我讲讲在四下皆空的房间里应该怎么规划房间布局。当被问到"你最喜欢这个房间的哪个部分"时，我在百般犹豫之下指了指地板说，我喜欢这里的阳光。虽然犹豫了一会儿，但也是真心喜欢。

晴天的时候，每天下午 2 点左右，被窗框分隔成四角形的阳光就会落在房间的地板上。我喜欢坐在这里看书。斑斓的光影时刻变化，总会有些瞬间，我会被恰到好处的光影深深打动。以前我也很喜欢房间里的阳光。现在房间里没有其他家具，让我与阳光的接触比以往更加密切。这让我实现了与阳光的亲密接触。

不需要多么光鲜亮丽的房间，不需要时尚体面的家具，"午后呈现在那里的阳光"比什么都精美。这个房间，本来就很美。

◎窗外的树木是我的观叶植物

在上述采访中，我还提到了一个喜欢的地方。那就是从窗外探出头的、邻家院子里的、充满南国风情的树木，虽然这并不是属于我的房间。这棵树的个头非常高，近得好像从窗户伸出手就能触摸到。如果想远眺风景，这棵树会遮挡不少视线。但如果稍微离开窗户一点儿望过来，就能感受到身处南国一样的风情。这是一棵不用自己浇水和照料的观叶植物。何其幸运。

我明白自己的东西和别人的东西的界限。但总感觉自己的东西和地球的东西之间的界限很微妙。阳光和自然似乎都不是我的，但也是我的。在简单生活中，试着放下身外之物的念头更加强烈了。在我离世的时候，所有这一切都不再是我所拥有的。没有什么是永垂不朽的。所以我们是不是可以认为，每一个带给我们美好体验的东西，都存在于我们自己的小宇宙里呢？简单的节奏，带给了我如释重负的轻快。

◎在信息量极少的房间里体会到感性的复苏

在没有家具和工具的空间里生活，头脑自然而然地变得清晰起来。虽有几次体验，但始终不得要领，如果非说不可的话，可能这感觉和冥想很像。房间里空无一物，闭上眼睛，集中精神，这就是冥想时的感觉嘛。

在没有娱乐和信息的地方，自然而然地意识到两件事。一个是外面的声音、窗外的风、游走的阳光、地板的寒冷等自己触手可及的周围环境。另一个是自己最近在想什么。从上帝视角凝望自己，无须多想就能察觉到内心的欲求和反思。浑身上下的每一个毛孔，仿佛都比以往更加感性、更加善于思考。就算走出房间，这个感觉也会持续一阵子。

那么神奇的功效啊！即便如此，今后也不能空无一物地生活。不过有时间的时候，倒是可以腾空家里的一个房间。或者，卧室里只留下寝具也好。

◎不是因为东西少，而是因为清空了自己

我本来就是一种与极简主义者完全相反的烦琐主义者的个性。喜欢收藏。购物的时候不考虑如何使用，只追随"买了会很开心"的情绪。所以，家里有很多诸如陶器相扑的玩偶、假胡子、按下按钮就会发光发声的大佛钥匙圈等物品。如果把使用这些东西的时间平均分配到余生里，恐怕每件物品的登场时间不过短短几分钟而已（大概也不会有真正用到的时候）。我的宝藏，真是无穷无限啊！

但是，我并不打算抛弃这些东西，我也没有摒弃它们，正因为拥有了它们，我才成了被自己喜爱的自己！换言之，它们已经成为我的一部分。在空无一物的房间中生活的日子里，我真切地感受到了四下皆空的寂寥。没过几日，有一天我的心里忽然出现了这样一个念头：就算什么都没有，我也还是我。也许下次出门的时候，说不定我会买个恐怖面具，但至少现在的我已经通透地

理解了自己与物品之间的关系，清晰地看到了真我的轮廓。所以，今后我不会再寄情于形形色色的小物件了，还是保持良好的距离吧。

◎空无一物的生活可以成为防灾训练的一部分

最初的一两周，我竟然有意无意地完成了防灾训练。在实践中学习到，意外发生时身边必须要有什么。当然，有一点儿微妙的不同，那就是真正受灾的时候必须要有一台作为通信工具的智能手机。但是真的，只有身临其境，自己感受过，才会理解我们真正需要什么、什么可以帮到我们。

人不能一直坐在地板上，毛毯能让人心境平和，光着脚一步也踏不出家门，不刷牙人也没精打采，手里有书才能保护自己的精神世界，指甲刀原来是马上就会用到的东西等，为自己准备防灾物资的时候是这样，在支援正在承受着灾难的人来说，这段亲身经历可太宝贵了。

◎什么都没有的房间可真帅

有个天为被、地为床的说法，原来什么都没有的房间这么帅。空无一物，让只有巴掌大小的榻榻米房间看起来通透而精致。墙壁的白色恰到好处。墙角的方形工工整整。宽敞的留白令人神往。

我一直想把房间打造成时尚的模样，但原来跟之前的那么多努力相比，什么都没有的房间竟然如此帅酷。

如果是品位佳的人，一定能一边做加法一边做减法，然后打造出绝佳比例的时尚房间。可是以我的品位水平来说，什么都没有的房间肯定要好看很多。与其拘泥于室内装饰而陷入僵局，不如放弃执着，转而打造简约风格更好一些。

话虽如此，要怎样才能在波澜不惊的日常生活里自我察觉到这种事情呢？我经历了这种简单生活，才有幸发现了什么都没有的房间比自己的品位更酷，若非如此，今后还是会在错误中继续努力吧。把镜子、花瓶、托盘的布局改来改去的过程很欢乐，也有毫无理由就想去买一幅画的日子。好吧，这样生活也不是什么坏事。

◎家是给自己充电的地方

房间里东西少的话，舒服程度就会陡然上升。感觉自己每天都住在酒店里。即使不得不外出，也总想着"早点儿回到那个舒适的空间"。只要待在家里，身心的疲劳就能渐渐缓解。

可是如果累的时候回到乱糟糟的房间，就会愈加身心俱疲。问题不是房间是否杂乱无章，而是房间里的信息量太大让人无暇面对：各种商品的包装，晾在房间里的五颜六色的衣服，没来得及收好的茶壶等。

开始简单生活以后，我重新见到了洁白的墙壁和宽敞的地板，找到了久违的安心感。虽然没办法全部清零，但一定能在房间里留出一点儿空白，留出让自己逃离的地方。目之所及没有过剩的信息，就能让大脑稍微偷懒一小会儿。

◎布里面有安心和自由

拿到浴巾的时候，拿到毯子的时候，我很惊讶自己竟然能感到如此的安心。用毛巾包住头和身体，心情随之平静下来，然后感到毛巾带来的喜悦传过脸颊流淌进心里。我想，身陷囹圄的人如果能在避难所用一条毛毯裹住自己的话，心中一定能映出希望之光吧。毛巾和毛毯这种东西，不仅能防寒，还能给人提供无限的精神力量。

而且，我喜欢能把它们叠成我喜欢的形状。叠得紧凑一点儿可以用来当枕头，暂时包裹住脏衣服可以作靠枕或垫在腰下。原来这就是工具带来的变化和自由，以前为什么没感受到过这么原始的喜悦呢？

将毛巾和毛毯拿在手里，我感觉自己强大到无所不能。或许，这是因为从很久以前开始人类就和布共生了吧。

◎最多只能在地板上坐半天的时间

虽说累了可以站起来，但这不是问题的本质所在。在没有椅子也没有坐垫的状态下，只要半天的时间，疲倦就会爬过臀部上升到身体各处，然后让不舒适的感觉升级到更高的次元，太难受！一旦到了这个阶段，躺下去、站起来都不会恢复。那时候，我真的感觉自己面对痛苦无处藏匿。

胳膊麻了不能动的时候，可以试试举起另一侧的胳膊。然后你就会发现自己的胳膊竟然这么重。那一定是人类真正的重量。肌肉、骨头、神经自不必说，在沙发、垫子等外部柔软的东西的支持下，人们时常会忘记自己真正的重量。可是我们怎么会忘掉了呢？当臀部无法承受身体之重的时候，终于发出了悲鸣。

久违地意识到了自己身体的轮廓。还要感谢这一整天的痛苦。生活里，我被林林总总的工具和信息包裹着，恍惚间自己的形状已经模糊不可见了。

◎还是想要沙发

虽然在这100天中并没用到沙发，但是说实话，我真的挺想要沙发的。白天可以把褥子折叠起来，坐在上面。这样很舒适，而且更重要的是可以让房间清爽整洁。如果有沙发，沙发下面一定会有什么东西落进去，而且沙发腿和靠垫角的灰尘也很难打理。

但就算有这样种种麻烦，我也还是想要沙发。

不管怎么说都是身体的动作，原来坐在低处和坐在沙发上会用到不同的肌肉。坐在低处或从低处起身的时候，要用到大量的内部肌肉。疲倦的时候，站起来也需要一点儿勇气。第1天，内心一直上演着这些无聊的小念头。

沙发也有缺点，那就是容易让人愈发懒散。但如果把沙发的优点和缺点用天平衡量，那绝对是优点大于缺点。至少在我心里结果如此。生活，就是要在这些毫不起眼但事关紧要的微妙比较中被创造出来的。

◎生活里面竟然有这么多好闻的味道

用洗衣液洗的衣服可以散发出花香。护手霜在指尖洋溢着气定神闲的香气。牙膏清爽，浴液清香，就连宁静夜晚也有种无法仿造的气息。生活中充满了各种有魅力的香味，它们的存在比我们的想象要多一些。

虽然我没有收集香水和香薰蜡烛的习惯，但这不妨碍我喜欢香味。香味是娱乐，能治愈、丰富我对时间的感性认知，我希望生活里有更多的香味。生活，本应活色生香。感谢简单生活让我想起了这些像空气一样理所当然的东西。

◎得到了电脑等于获得了与社会连接的渠道

当我拿回运动鞋时，世界变得宽阔了。当我拿回 VR 眼镜时，世界变得多维了。当我拿回电脑并连接到互联网上时，我感觉自己拥有了无数连接世界的触手。所谓"拥有了触手"，可能更像是身体不由自主地完成了连接。

如果疫情之下没有网络，这个世界会怎么样呢？多亏了网络，人与人之间相隔万里也能彼此沟通。假设人与人必须隔绝的话，又失去了连接外部社会的渠道，那该有多孤独啊！

在很难见到彼此的时候，家里的电脑就像必备的社会之窗。就算切断电源，心情也会时常在线。但是这毕竟是一扇窗，所以别忘了在需要的时候拉上窗帘。

关于时间的发现

（时）

——增加时间的工具、减少时间的工具、感受时间的方法

◎在什么都没有的房间里生活，1小时仿佛4小时

> 时间到了
>
> 感觉时间差不多

没有手机、没有电视、没有书，在空无一物的房间里，生命的时间仿佛突然静止了。刚开始的时候两手空空，无聊得很痛苦。真的无事可做啊！绝对的无聊。周围一片安静，几乎可以听到自己心脏的声音。好像这时候只能尽力直面真正的自己，宛如修行。

但是过了一会儿，我的意识开始复苏，发现这里并非空无一物。打开窗户，昆虫的合唱即刻流入房间，洪亮得吓了我一跳。在什么都没有的房间里，夜晚的味道让人沉醉，每一次呼吸都能带来惊喜。打开窗户，侧耳倾听，感受清风拂面。试试倒立吧，感知一下自己身体的重量。此时，我仿佛置身于时间之外，可以不考虑得失、不计较理由，任由各种感官支配着身体做伸展运动。

我的感性认知逐渐清晰了起来，感觉自己并非"度过"时间，而是身处时间的里面。原本总是急急忙忙，脑子里满满的都是关

于未来的事情，然后忽略了身体本能的感觉。终于，此时此刻，我懂了应该如何享受这个当下。太好了！

◎ 以前需要时间好好考虑的事情，只用2天就考虑好了

冷静下来后好好想想，忙完以后再做打算……大概最近十几年的时间里，我放下了很多很多没来得及好好面对的事情。它们仿佛是半透明的，从来也没有想起，但永远也不会忘记，冷不防出现时，在脑海里激起浪花。我看不清浪花里是什么，但是知道都是自己曾经认为重要的事情。

简单生活的最初几天，就像在空无一物的房间里修行，只能静静地感受时间的流逝。我终于想起这些时隐时现的浪花，我努力抓住它们，试着搭话。我们相对无言，但是我不忍放手，于是只能面面相觑。是啊，关于过去的烦恼、关于将来的焦虑，这些事情在朦胧之间消失不见，让我再也没有可以思考的事情了。

原来，得出结论的必要条件不是时间，而是思考。每得出一个结论，人们就能获得片刻的安心。虽然看起来有点儿矛盾，但是我们需要的时间并非那么长。请别忘了，比起长度，思路更重要。

最近，为了不让留在脑海中的事情冬眠，我坚持每天都写日记。这是一种把在意的事情全部可视化的方法。因为看不清楚，才会心里挂念。但如果逐一整理出来，一定会发现大多数的事情

其实都没什么大不了。生活其实没有我们想象的那么复杂。

◎有增加时间的工具，也有减少时间的工具

玩手机的时候，明明没有什么收获，但是却消磨了时间。在所有能让时间尽快消磨的物品当中，首先就是智能手机了吧。除此之外，还有电脑、电视、游戏、漫画等，也都是志同道合的小伙伴。的确，一旦开始沉迷于游戏和书籍，时间转瞬即逝。但是如果跟获得感放在一起考虑性价比，就不得不说这些物品减少了我们的时间。

让我们把这些没有带来"心动"又消磨了时间的物品叫作"减少时间的工具"吧。相反，也有"增加时间的工具"，例如洗衣机和吸尘器，这两样东西不仅大大减少了做家务的时间、给我们赢得了时间，还能让时间流逝的速度变得缓慢。毕竟有了它们，就能给我们忙碌的日常画上休止符。像我这样的人，不会为了达到某种目的而步履不停。我希望自己能活在每一个当下、每一个瞬间。正因如此，花瓶、香味迷人的护手霜、信纸套装、葡萄酒杯等对我来说都弥足珍贵。

只要能意识到时间流逝的节奏对现在的自己来说意味着什么，就可以通过工具来控制时间。无论现在想要集中精力也好，想要优哉游哉也好，我们很难仅用意志的力量来操纵时间的进程。但如果知道了那些可以帮助我们的工具，生活应该更容易。

◎延长体感时间的窍门

除了在空无一物的房间里度日，找到改变时间速度的工具之外，还有一些延长体感时间的窍门。其中之一就是肌肉锻炼。

倒是也没必要做什么专门的练习。现在刚刚读到这里的读者们，不如试试现在开始深蹲20秒怎么样？做了吗？真的吗？用力了吗？累吗？怎么样？有没有"20秒怎么这么长！""快点儿过去吧！"的念头？我没有什么耐性，所以当时真的好难熬。

还好我巧妙地利用了这种心情。在我最煎熬的时候，我告诉自己"啊，已经没有时间了""别想那么多了"，然后拼命压迫自己的肌肉。真不知道当时我究竟是想让时间快过去，还是想让时间更长一点儿。

我最近又发现了一个刺激时间感觉的行为。那就是栽培植物。它不需要任何夸张的行为，只要把小葱的根部泡在水里就可以亲眼见证它的生长。几个小时后，根系就会慢慢长出来，超有趣。我每天都会去看几次。早上起床后看一看，吃饭以后看一看，我每天都对小葱的成长充满期待。于是，我对时间流逝的罪恶感和恐怖感日益稀释。

时间也有很多种，有刻在钟表上的客观时间，有自己体感到的主观时间，还有植物的时间、动物的时间、光影的时间等。我知道无论是哪一种时间，都在无悲无喜地流逝着。或许我们认为的延长或缩短时间，只是在和时间嬉戏而已。

◎没有钟表可以培养生物钟

以前，我家客厅的墙壁上挂了一个石英钟。然而在这 100 天里，我始终都没有拿回任何关于时间的工具。并非认为自己不需要手表！只是，我不想在有时钟的房间里生活。

有几个正向反馈。首先，我留意到晴天时光线一整天都在慢慢变化。清早明亮，但是略显柔和。白天炽热，带着健康的能量倾泻而下。然后好像谁扭动了明暗的开关，让光线慢慢变暗。在肚子饿之前，光线的变化让我更早察觉到应该做饭了。即使待在家里，光线也能穿过窗帘带来充分的光明和氛围。我喜欢这种身体比头脑更早意识到时间变化的感觉，充满新鲜感。其实，我们人类的身体里本来就有感知时间的生物钟。

忘却时间，感受光线带来的时间节奏是一个很酷的事情吧。日出而作，日落而息，这是多么理想的生活方式。古时候的人明明没有时钟，但有条不紊地生活着，真不可思议！还有，我觉得不看表的时候，时间的流逝会慢下来。人们不可能完全脱离钟表而生活，但怎么说也要偶尔摘下手表，用身体感受一下健康的时间韵律。

◎2周的简单生活以后，身心变得更加轻盈

我在这 100 天的时间里收获颇多，但因为身边的东西特别少，

所以在最初的 2 周就让身心完成了恢复出厂设置的过程。其实，最初的几天得到了最多的感动。我觉得，其实不需要 100 天那么长的时间，也没必要局限在 2 周的时间设定里，只要何时找个周末放下手机、离开电脑，远离一切电子设备，就能获得让人瞠目结舌的效果。如果什么时候觉得思维混乱，我一定会这么做试试。

如果您在没有什么准备的情况下体验简单生活，那可以在搬家（或者清空物品）的时候试试看。例如协调好搬入新居的时间，在行李送到之前独自在房间里待一会儿。或者可以尝试两手空空地入住宾馆，也可以来一场说走就走的旅行，相信也能轻松地获得同样的感受。定期改变环境，也许有助于保持感知生活的灵敏度。

◎生活里也有相对论

懒散度过的星期天和一日游的星期天，可不是一样的休息日。时间的进程和感受大相径庭。听校长训话的 10 分钟和埋头于游戏的 10 分钟同样天差地别。成年人的 3 个月和孩子的 3 个月不一样，这我们都有过切身体验。是啊，时间在主观认知当中自由伸缩。

简单生活的挑战让房间和身心变得轻松，随之我在风轻云淡中看到了时间的形状。原来，在家中悠然度过的平凡时光，也可以如此美好。

如何能把 24 小时感知成 48 小时呢？我有简单易行的诀窍。减少周围的物品（不用减少到空无一物，让触手可及的东西少一点儿就好）、隔绝信息、让自己静静地感受 20 分钟的夜风、关掉手机电源写一封信。是的，只需要如此这般，时间仿佛就会比时钟的指针更缓慢一点儿。同时，因为时间的密度增加了，留在备忘录上的未完成事项就会减少。

最近我已经学会了给时间分类。时间可以分为两类——流逝的时间和可触的时间。现在时间在流逝啊，不行不行，努力让它们转移到另一边去！就像这样，我们俨然成为在时间的框架上跳跃的时间旅行者。

关于个人卫生和扫除的发现
——洗澡、化妆、打扫卫生

◎不用牙膏的时候，反而会更加仔细地刷牙

直到第 52 天，我才拿回牙膏。这么迟才拿回牙膏，是因为我多少有一点儿喜欢上了不用牙膏刷牙的感觉。没有牙膏，很难产生"刷干净了的感觉"，这样就自然会花更多的时间来刷牙。我从前很喜欢质地细腻的薄荷味牙膏，感觉十分清爽。对，我是薄荷的粉丝。但现在，我觉得以后也可以偶尔不用牙膏刷牙。

重新用到了久违的牙膏，感觉自己好奢侈，好像给嘴巴里做了高级护理。我这才明白，用牙膏刷牙是对自己的一种关照。不用牙膏刷牙也好，用牙膏刷牙也好，都是因为自己很重要。这样想着，自我肯定的感觉更加浓厚了。

◎100天的时间里，至少需要修剪10次指甲

第 2 天，我不得不选择了指甲刀，一开始还觉得有点儿不甘心。明明生活必需品还差那么多没到手，怎么偏偏在这么一个不一定经常用的东西上浪费了宝贵的一个项目啊！

只是我平时没有在意过而已，实际上指甲刀的使用次数可比

想象中频繁多了。我的指甲短，每隔 7 ～ 10 天就需要修剪一次。也就是说，这是 100 天里至少需要用到 10 次的必需品。

　　有生以来，我第一次意识到了自己指甲生长的节奏，胸中涌起对生命的感动。这个感受还真难得！指甲就像 5 月的植物尽情生长。剪指甲的行为，姑且算是对我活着这个事实的肯定吧。

◎没有毛巾，好像洗漱的时间变短了

　　因为没有毛巾，洗完澡和洗完脸之后的整理变得格外高效。"不擦干脸就没有精气神"，这句老话原来是真的。当脸上的水珠滴答滴答地掉在地上时，我仿佛听见了自尊心破碎的声音。

　　我认真思考了应该怎样把脸弄干，结果小狗甩头的样子给了我启发。动作虽然滑稽，但效果值得肯定。第 4 天，我拿回了浴巾（大浴巾兼容小毛巾理论），好不容易能擦干脸的感觉让我感到格外欣喜。

　　人被浴巾包裹起来的时候，心也被包裹起来了。如果今后遇到浑身湿透的人，我一定会给他一条毛巾，包裹住身体也好，包裹住心灵也好。希望我不是多管闲事。

◎整洁一新的洗浴间

　　就像是为了迎接简单生活的挑战一样，我不久前刚刚入手了全身沐浴露。小小一瓶，既能洗头也能洗身体。我相信它的清洗能力，干脆把洗脸和护发的功能也都交给了它。一件单品，拥有了 4 种功能，这也太超值了。果真买到就是赚到！我让全家人都用这款全身沐浴露后，没想到浴室变得如此整洁清爽，而且打扫起来也更省心了。

这一次，虽说简化了护理流程，但这并不等同于疏于照顾自己。对我自己来说，能为自己省去麻烦、保持家里的清爽，就是一种最精致的护理。把生活的重心放在哪里，完全是因人而异的事情。我愿意侧耳倾听自己内心的声音，追求自己的舒适生活。

◎为了自己修饰体毛

从挑战开始的第 78 天，我才拿回了面部剃毛刀。本来，面部剃毛刀是我出门旅行时的必备品。面部的汗毛、眉毛、手指的汗毛，它们的生命力旺盛到让人疲惫。短短几天置之不理，就会变得毛茸茸的。其实，第 3 天的时候就已经很想念剃毛刀了，但这种对剃毛刀的欲求，来自"必须要修饰体毛"的观念。

现在我知道，逐一清点自己的生活必需品时，剃毛刀排在第 78 位。名次相当低呀！体毛什么的都无所谓，还是先找本书来看吧！汗毛长一点儿就长一点儿吧，先让我抱抱最爱的陶器。让毛发肆意生长，好像自己也过得很舒坦。

抛开"必须要修饰体毛"的观念，剃毛刀的优先度自然而然地变低了。可为什么最终还是拿出来了呢？因为想剃毛的时候可以动手操作，可以让心情也变得清爽。唇边光滑的皮肤很迷人，剃干净了汗毛的手指也很可爱。如果有朝一日我去无人岛生活，怕是偶尔也想剃剃毛吧。时隔78天，仅仅为了自己而剃毛。

◎化妆品是面部和心情的启动开关

因为疫情的原因，在挑战简单生活的日子里很少外出和与人见面。所以和平时相比，化妆品的必要性低了一些。但早晚有那么一天，我们的生活回到正轨，那时候就要重新审视化妆品的重要性了。

在陆续拿回CC乳液、口红、眉粉的过程中，感觉脸上的肌肤如灯泡一样亮了起来。以前化妆，往往是为了与他人见面，而现在的我，可是为了自己而化妆的。

◎不需要腮红

在这100天里，我取出的化妆品有化妆水、妆前乳、CC乳液、口红和眉粉。化妆包里的常客——眼影和腮红并没有登场。

初中的时候，因担心自己的面色不好，我曾经偷偷地涂了腮红上学。在没办法涂上腮红的时候，也要在公寓的走廊上拍打几下自己的脸颊之后才出发。

长大以后，化妆的第一目的是覆盖面部整体的暗沉。我一直以为腮红是化妆的必要环节，但其实最近我时常省略掉这个环节。问题在于我时常纠结应该选择粉色系还是橙色系，应该涂在颧骨的上面还是侧面，应该横着涂还是画圈涂……至今我都没搞明白这些问题的正确答案。头疼。

最近这段时间，我试着戒掉了腮红，竟意外发现它也不是必不可少呀！终于，我成功地消除掉了一个关于化妆的难题。但这只是我自己的感受。可能对某些人来说，唇膏才是可有可无的东西。在理所当然和习以为常的生活中，其实还有很多很多无关紧要的物品吧！

◎如果没有头疼药，一整天都会崩溃

差不多每个月都有那么一次，我会被头疼欲裂侵袭。每当如此，我都会努力睡一会儿，但效果甚微。没有头疼药，什么也救不了我。我知道服用过多头疼药对身体不太好，还会给胃增加很多负担。但如果不吃药，我这一天都会陷入煎熬，痛不欲生。

只有吃药，才能让我获得新生。2 片药可以改变我一天的生活。这样想的话，头疼药可以堂而皇之地进入我的生活必需品清单了。健康的时候不觉得重要，但是有备无患总是没错的。

在 100 天的挑战中，当我感到头痛的时候直接选择了吃药。虽然没有刻意去思考，但头疼药作为最优选项一下子就跳了出来。

我这才意识到，常备药对自己来说是多么重要，那么往后余生就再也不能疏忽大意了！无论出差还是旅行，就连短期外出也应该随身携带。原来所谓的生活必需品，就是要跟自己的身体紧密相连。

◎如果地上没有家具，吸尘器打开1分钟以后就能完成工作

秒杀！基本上几下就结束了。以前用吸尘器打扫地板很麻烦，是因为家里有太多的家具，地板上有各种东西。如果没有这些物品，时不时拿吸尘器出来打扫几下并不吃力。轻松所以愉悦，愉悦所以可以长此以往。

以前总是觉得打扫和整理很麻烦，然而这些"麻烦"在简单生活里反而变成了治愈的事情。我想，除了东西变少、花的精力变少以外，还有一个原因，那就是房间里一目了然，让人很清楚地知道目标和终点。

以前，即使打扫了，结果还是会有一些地方打扫不到。例如怎么也够不到的地方、擦不干净的缝隙等，因此会在那些地方停留很久，然后最终心不甘情不愿地妥协。可是卖力气打扫的决心，是不能在这样的心情里安然平息的。这种无论怎么努力都不能实现完美的感觉，让人愈发身心疲惫。而现在，杂乱无章的东西变少了，打扫的成果几近完美。我终于找到了吾心安处是我家的感觉。

◎扫除工具也是放松用具

打开窗户，在洁白的阳光里用地毯滚刷粘起掉落在床上的头发。这种心情简直太美妙了，我激动得几乎要流鼻血。该打扫的灰尘消失不见以后，心里只留下一片宁静平和。曾经在我心中，每日打扫是很麻烦的工作。因为打扫是侵占我自由时间的敌人。而现在，我反而觉得打扫的工作成了个人奖励，理由如下。

首先，自由时间本身有所增加。这一点，在"时间"的项目中也曾提及，我已经坚信"物品减少会增加时间"这个客观规律。自由的时间增加以后，人变得更加从容。

另外，可能因为娱乐项目很少，所以我现在可以在每一件事当中感受到乐趣。这并不是什么可怜兮兮的事情，毕竟以前那些所谓的"娱乐"往往从未在感性认知里留下任何痕迹。所以，我希望在今后的生活里创造一些留白，让我能在平平无奇的打扫中获得乐趣。

关于工作的发现
——热情、整理思路

◎感到"麻烦"的情绪减少了

在东西少的房间里，注意力有所改观，工作效率也提高了。而且，好像有一些麻烦的事情骤然变少了。好了，回邮件吧；好了，打包吧；好了，打扫吧。为什么东西少了以后，生活会变得这么轻松呢？

莫非，一直让我心情沉重的就是周遭这些物品吗？物品多到我无法管理，于是这个我已经习以为常的房间渐渐变成了潘多拉的盒子。而现在，房间视野开阔，地板干干净净，只要一瞬间就能让这里整洁如新。原来，让生活变得邋遢的是我自己，让生活变得繁杂的也是我自己。

◎又重新感知到了"输入"和"输出"之间的"时间"

对于我来说，去什么地方、体验什么事情、读什么书、看什么电影等，都属于"输入"的时间。另一方面，打电话、聊天、写原稿这些事情，属于"输出"的时间。输出不超过输入，输出越多则新陈代谢越快。我相信这样的理论，因此不断地吸收着信息、释放着信息。只是，在忙碌的日子里，总觉得忙于吸收却来不及消化和释放，这不禁让我感到一丝丝焦虑。

在简单生活中，时间变得丰富了，我总算拥有了"用来感受"的时间。也就是说，我可以在与什么相遇后，留点儿时间给自己让想法成熟起来。那是一种能强化思维引力的时间。如此一来，我觉得自己释放信息的能力比以前更强大了。原来，既不是"输入"也不是"输出"的时间，可以提高"输入"和"输出"的强度。

◎房间里空无一物，电脑桌面也要整理

电脑桌面一直乱七八糟。在一些聊天节目需要做电脑连线时，我只能把桌面上的各种文件放进叫作"临时文件"或"整理文件"的文件夹中。我还有叫作"fixfix.mov"和"最新版"的文件夹，用于保存临近截止日期的文件。一边保存，一边担心自己忘掉文件的保存地址，因为就连文件夹本身也是临时应付的。果然最难缠的敌人就是自己。

自从开始挑战简单生活之后，不由自主地学会如何进行数据分类，以至于有一天在远程会议上共享画面的时候，被夸奖说"桌面很整洁！"。

有人说，"混乱的桌面映射出混乱的心灵"。在简约的房间里生活，让自己有了余力，成就了整理头脑和理清思路的效果。我了解了自己管理物品的能量。起好名字、定好地点，无论是物品

还是数据，整理的本质都大同小异。

◎房间和思路都好好整理以后，工作效率提高了

在简单生活实践中，我觉得工作比任何时候都要顺利。说到理由，应该有很多。在最初的几天里实现了去数码化，头脑变得很清爽。映入眼帘的信息量少了，注意力就集中在工作上了。也就是说，诱惑少了。随之而来的感觉，是时间变长了，让我有了更多的时间。

有了更多的时间，焦虑也会大大减少。或许，这个变化最为明显。在此之前，我好像一直在追赶着什么，也被什么追赶着，这导致始终有种过载的感觉。虽然看不到背负着什么，但是步履艰难。我知道在那些看不见的包袱里，已经有重要而复杂的东西，因此格外诚惶诚恐。是呀，说不清道不明的东西总是令人恐惧，心生不安。

在简单生活里，让自己的生活归零，然后重启，进而慢慢认清了自己的实际状态。说不清道不明的感觉消失了，现在我知道那些看不见的部分里其实都是些无关紧要的东西。如此一来，大可放心！只要完成眼前的东西就好，完成了眼前的东西，所有的工作就都可以告一段落了。显然，简单生活和头脑有着某种相关性。

关于娱乐的发现
——听音乐、看电视、宅在家

◎时隔20天之后再用耳机听音乐时，我感受到了内心的震撼

在空无一物的房间里，感受音乐流淌进放松了的身体和心灵，那感觉无比美妙。刚开始的几天里，我让自己适应了身处静室的感觉，体会着五感逐渐变得澄清而敏锐。平时，我总是戴着无线耳机，一边听广播或音乐一边工作，这样的行为暂停几日以后，忽然察觉耳朵好像在自己寻找刺激源头。只要耳朵寻找到一点点外界的声音，就好像蒸完桑拿以后喝到了运动饮料一样，点点滴滴都要被身体吸收进去。

是的，就是桑拿浴。简单生活好像桑拿浴一样。精简了身边的物品，就相当于删除了身边的信息。从信息爆炸的空间转移到四下皆空的房间以后，只能感觉到一种令人窒息的"虚无"。但是开始的不安很快就会过去。渐渐地，感性的触角开始生长。在压力爆满和努力思考的时候，听音乐的行为是一种救赎。但是在心平气和的时候听音乐，会感受到一种充满生命力的悦动，带来无法用语言形容的感动。

◎仅需一套桌游卡片，家里的氛围大为改观

我认为桌游不仅仅是一个玩具，更是一种可以告诉我们人生意义的工具。毕竟，桌游给人们带来了面对面相处的理由。或者可以说，正因为桌游的存在，大家才可以不用面对面。这两个说法看起来自相矛盾，但是事实如此。

人与人之间，有很多剪不断理还乱的关系：久别重逢却没有共同话题的朋友、必须要近距离对话的家人、初次见面的陌生人，或者是根本话不投机半句多的人等。可无论什么关系，只要有了桌游就可以共度一段时间。桌游可以带我们跨越毫无意义的对话，弥补性格的不合，然后共享一同开怀大笑的美好时光。对于我来说，桌游卡片是生活必备品，是我与他人和谐共处的象征。

◎在家也能旅行

我喜欢旅行，无论国内还是国外。只要有连休的日子，我就一定要去旅行。旅行的好处是能接触到未曾抵达的地方、接触不曾认知的东西、体验从未有过的生活，那种新鲜感让人欲罢不能。人在旅途，过的是非日常的生活，所以可以置身事外地审视自己的人生。新鲜感和审视感，都是只有在旅行中才能得到的。

但是在挑战简单生活的时候，我竟然同时感受到了新鲜感和审视感，匪夷所思。当把必要物品一个一个地拿回来以后，我发

觉了它们原本拥有却又不为人知的奥妙。随着生活方式的改变，我的日常生活被分成了"以往的生活"和"现在的生活"，生活的轮廓显现一新。这种感受和旅行时每天都有新发现的感受异曲同工。

这不就是在家的旅行吗？真希望我今后的生活也能像旅行一样啊。

◎VR眼镜和鞋子一样，能让世界变得开阔

前文提到，有鞋才能去外面的世界。既然我们没有光着脚出门的勇气，那么在某种意义上讲，是鞋子把我们与外面的世界连接到了一起。与此相仿，在我拿回 VR 眼镜的时候，也觉得世界变得开阔了。

我虽然不是地道的游戏玩家，但是喜欢尝试新的东西，早在进入简单生活之前的几个月开始就已经迷上了 VR。戴上 VR 眼镜的时候，空无一物的房间里会出现壁炉、定制家具，俨然一个豪华客厅。虽然我非常喜欢这种身处虚拟空间的乐趣，但也能认清虚拟世界和现实生活的本质差别。我知道，戴着 VR 眼镜的时候，相当于用科技把自己送到了另一个平行空间。这种沉浸式的体验，与其说是鉴赏，倒不如说是身临其境。"科技改变生活"这句话一点儿没错。

VR 体验给我们带到了另一个生活维度，所谓"此处自有黄

金屋，此处自有颜如玉"的感觉。当然，我虽说在虚拟空间里体验到了奢华的房间，但现实中却并没有这样的追求。

◎如果抑制娱乐，那生活就失去了意义

有一个瞬间，我忽然动摇了：如果每天只能拿回 1 样生活必需品的话，那我是为了什么而活着呢？这也没有，那也没有，每天都在疲于追求中费尽心思。

比起昨天，今天好了一点儿。比起今天，明天还会更好一点儿。这种乐观开朗的能量非常积极而正面，乍一看可以让我受益匪浅。但是人生的目的，应该不只是提高吧，如果我就想选择停在原地翩翩起舞呢？

淘汰微波炉，选择陶器；淘汰衣架，选择花瓶；淘汰电饭煲，选择画册。为了能品味每一个"今天"，我始终在方便和重要之间选择了对自己重要的物品。诚然，我仔细地衡量了哪些是自己不能妥协的生活必需品，但同时也重视了自己的直觉，而选择了不紧急也不必要的物品。好像眼下的生活赋予了我重新定义生活的机会，也让我的心里萌生了对新生活方式的向往。

我想开心地生活。我觉得，活着这件事情本身并没有意义，也没必要追求所谓的使命，但是活着本身就是目的。如果摆脱了便利和效率的局限性，就能体会到无为才是最不浪费的生活方式。

为了随心所欲地生活而生活，所以即使没有筷子，也依然有

读书的心情。当我松手放弃了一些东西以后，才终于悟到了无欲则刚的力量。

◎珍视陶器，理解绳文人的心情

第 71 天，拿回陶器的时候，一直在被追问"为什么是陶器？"。但是，如果我钟情于当下热议的动漫，在某一天选择拿回动漫角色的手办的话，应该没人会问"为什么？"吧。陶器就是我喜欢的东西。我当时的心情，只是想把喜欢的东西放在身边而已。

几年前，我开始喜爱绳文时代的文化。有一天，我在一个火焰形的陶器上发现有烧焦的痕迹，那个瞬间让我完全痴迷了。听说这是一个用于祈愿仪式的道具，但也会被用于日常生活。一个如此有装饰感的器皿，平时竟然会被用来煮饭？真是太不可思议了！如果考虑到方便耐用，一定是简约款式的器皿更好用吧。就因为这一点，我深深地爱上了绳文人这种不合逻辑的感性认知。

一件一件默默地取回生活必需品的日子乏善可陈。我快要迷失生存的意义了。此时此刻，我忽然由衷地理解了绳文人用豪华器皿来做饭的心情。如果一个陶器兼具神圣的使命和日常的任务，那祭祀时候的神圣使命一定是偶然，而在家完成日常任务才是必然（纯属个人猜测。看着陶器随意发挥想象力，也是一个乐趣）。

对我来说，陶器的身体里寄居着人性的象征，所以我很欢迎它回归到人类的生活。

◎拿到智能手机以后，一天的体感时间仿佛缩短了
   一半

　　我担心自己就算学会了如何品味悠闲时光，也会在拿回智能手机之后被拉回忙忙碌碌的日子，果不其然！为什么会这样呢？

　　或许不知什么时候，我已经把太多的自己上传到了网络里。进入喜欢的聊天室，展示想被别人看到的自己，和别人不断交流，这些都是在网络上完成的。理性告诉我，生活应该落在实处。但只要想象一下如果某天社交账户忽然被删除，就会有种莫名的空虚。这是不是意味着，已经有一部分的自我，再也不能回到我的身边了？

　　智能手机仿佛一个感性的外置硬盘。最近我常想，是否只有在本体上应用感性思维时，才能感受到原本的时间呢？

◎不要以为电视偷走了你的时间

　　在我的生活中，电视的重要性逐年变化。小时候，一进家门就得先按下电视开关，然后在电视的陪伴下度过一段慵懒的时光。时过境迁，现在网络取代了电视。早上起来第一件事，就是上网。拖拖拉拉地消磨时间时，也在上网。

　　好像只有在闲极无聊或者想看特定的节目和作品时，才会打开电视机。以前围于电视，现在困在网络。

我以为在简单生活里，一定会禁不住拿回电视以便缩短每天的体感时间。但意外的是，我并没有这么做。感觉上来讲，电视的作用只是为了放大画面，让自己的注意力更加集中到屏幕上而已。莫非，这样的电视只是用来充实我的时光？

无论是电视还是网络，主动选择和被动接受会对生活时间产生完全不一样的影响。

惯性也好，引力也罢，总之物品本身不会偷走时间。如果什么时候我能拉开与网络之间的合理距离，应该就能找回自己的时间了吧……

关于读书的发现
——书、书架、阅读

◎第9天的时候忍无可忍地拿回了一本书

好不容易开了自己的书店以后，我比以前更喜欢书了。第9天，还有很多很多生活必需品有待拿回，是什么驱使我在如此困难的时期拿回一本书来读呢？

习惯了无所事事的时间，也渐渐能够享受其中，但隐隐觉得自己少了些什么。那是什么呢？我一边在脑海里搜索，一边问自己。娱乐？刺激？信息？好像都是，又好像都不是。那一定是我"喜欢的东西"，然而这种喜欢的东西不仅是娱乐、刺激和信息，还能带来安心感。那么，就一定是书了！这份安心感因人而异，对我来说的书，很有可能是您手里的迷你四驱车，她眼中的唱片播放器，或是他心中的盆栽植物。

隔了9天，再次翻开书，心里一片宁静。书的第一页，叫作扉页，那是打开新世界的"门扉"吧。啪的一声打开了一个崭新的世界，五彩斑斓的色彩一下子涌入了这个有点儿特别的房间。我的心啊，飞向了另一个不同的世界，这就是自由。

◎一本一本地读下去，更能专注其中

我是个经常读书半途而废的人。在这个习惯里，我的经验可"丰富"了。有些书放下以后再没重新拿起，有些书不过几日又重回手中。当然，同时读 5 本书的事情对我来说习以为常，可眼下这种生活只允许我把精力集中在一本书上。

集中在一本书上……倒是也好。专注程度增加了。在稍微心猿意马想换书的时候，发现无书可换，这样的情况反倒帮助我巩固了对这本书的专注和理解。书是心灵的镜子，每本书里都有可以印证阅读当时心情的语言。这一点非常匪夷所思。也许，专注阅读一本书，对这本书深处的探究就会越深，获得也会更多。

因为我的犹豫不决，踏上旅途的时候都会带上 3 本书。但是想想看，旅途当中本应一本入魂啊！决定了，下次出门只带一本书（肉眼可见我会在路上买新书）。

◎想要一个书架的念头要另当别论

集中阅读一本书的做法，对我来说是新鲜的尝试，真是有趣。但是，我发现有书和有书架是两回事。有时候，我会忽然想起什么，回到书架边翻找曾经读过的书的某一页。这个瞬间跟忽然想起了一条新闻、想起了和谁说过的话一样，只是想要回味一下而已。不知道这样的瞬间什么时候会到来，所以我往往会在喜欢的地方折一个角。当然，也有一些书，虽然折了角，但可能再也不会被翻开。

但为了这样一个不知是否会发生的瞬间，我还是需要一个书架。书架上的书，按照我心灵成长的历史轨迹来排列。就连那些买回来还没来得及看的书，也是历史轨迹的一部分。如果想重温那段历史，却又不能在书架旁查阅，是一件多么不幸的事情啊。

我家的书架，占满了小房间的一整面墙，气势恢宏。这是我敬仰的恢宏。即使今后因为什么原因，让我下定决心成为真正的极简主义者，也一定不会丢掉书架。

顺便说一下，我也喜欢电子书。但能让我重新阅读的都是纸质的书。为什么呢？毕竟纸质书籍有纸张、有重量、有印刷、有封皮，是真真切切存在于这个世界上的东西。而且制作者花费的大量心血和能量，是可以通过纸张传递给阅读者的。这是我能用心读书的理由之一。用心读书，自己的感情更容易留存在记忆里。话说回来，我也是真心喜欢电子书的，我觉得它们之间并非敌对关系。

物 关于道具与简单生活的发现
——有、无、物欲、理想的生活

◎原来9成以上都是用不到的东西

在我明白 100 件物品就能让我感到满足的时候，忽然感悟到，原来家里 9 成以上的物品在这 100 天里完全没有用到。虽然不用并不等于不需要，但这个数量也太让人惊讶了。

在用不到的物品中央，重复着起床、吃饭、睡觉的生活。我觉得人生可真是有趣，因为它完全不合逻辑。不用，但是拥有。这里面包含了今后可能会用到的可能性，以及就算知道不用也不舍得扔掉的念想。就像海狸收集树木在河上拼命建造房屋一样，人类把可能性和念想堆砌在自己的生活周围。这样想的话，其实也很可爱。

◎发现"不方便"的同时，也感到了快乐

因为没有剪刀，所以用指甲刀勉强剪东西。没有菜板，所以用牛奶盒子来代替。在这 100 天里，我竭尽全力用有限的资源来解决问题。果然克服困难的能力迅速增长了。在每次遇到不方便的事情时，脑回路好像都会被激活。在我每一次灵光闪现以后，

都要给自己一个"你是天才！"的褒奖！别担心,我不会得意忘形,只是想让这样的生活每一天都是好日子。

反过来说,在诸事便利的生活里,无数本应闪现的灵光都被夺走了机会。遇强则强,困难带来力量,人的本性如此。

我并没打算今后故意放弃一些基本的工具生活,只是想基于这段生活的经验,给自己今后的日子加点儿新鲜感,例如偶尔挑战一下"解决小麻烦"等,例如野营、耕种、用陌生的食材去烹调,诸如此类。走出生活的舒适圈,这是乐享生活的窍门。

◎物品越少,越能强调"珍爱"的重要性

三分钟热度,时常想拥有各种各样的东西。但是,也许正因为拥有了各种各样的东西,才会让自己容易厌倦吧。

这次让我感到震惊的是,自己对物品的喜爱时间变长了。每天只能选择 1 个物品,让我感到自己每天都能收到一个礼物,满心欢喜。如此郑重地接收到的礼物,能让我整整喜欢 100 天。哦,不！其实直到现在我还是很喜欢。

理由还真有几个。首先,当然是因为我选择的都是自己喜欢的物品。毕竟是经过了仔细斟酌后,内心深处仍然渴求的东西。除此之外,还因为"屈指可数"的数量。数量太多,欢喜就会分散。当我的喜爱平均到一众物品上以后,就会稀薄到自己也记不清楚。正是因为数量有限,才能体现出护身符一样的特别感。

我并没打算今后按照极简主义者的理念去生活，但我觉得应该时不时地提醒自己，为了更好地喜欢，不要拥有那么多吧！

◎100个足够了

我以为，就算每天都能增加 1 件物品，100 天的时间也绝对不会实现物资充足。虽然没有数过，但平时身边的物品一定有成千上万个吧。仅桌游卡片，我都有 100 多个款式。

但到了最后，我被欲求折磨得筋疲力尽。虽然手里的物品还没有 100 个，我已经什么都不想要了。我知道今后的生活中不可能只有这 100 件物品，但我相信我可以用 100 件物品保持正常的生活节奏。好事好事！这样的经验让我有了"有备无患"的自信，这样的自信让我的心情和身体都变得很轻盈。

我有独立生存的能力，不是因为对生活没追求才让自己受限于 100 个物品。100 个也好，1000 个也好，我完全有能力构建出充实而丰盈的生活。慢慢获得，不断邂逅，生命的旅途中尽是对物品的喜爱和清风拂面的风光。

◎挑选100个物品，理解100个不一样的自我

对人类来说的100件必备物品和对我来说的100件必备物品，是完全不同的两个概念。意外的是，我们很少有机会了解自己真

正想要的是什么，也很少有机会去思考必须依靠什么才能维系生活。充斥在我们生活里的，往往都是被推荐的物品和我们一厢情愿以为自己需要的物品。

一个一个被我精心收集回来的物品，堆砌成了我的轮廓。在我试图与工具分离的时候，就像是接受了一场脱胎换骨的重生。而后，我在这100天里花费了很多时间来重新堆砌出真正符合自己形象的轮廓。

至今为止，我的形象可能是急躁的、麻烦的、邋遢的、油腻的。万幸的是，我在改变环境和调整时间的过程中发现了能颠覆过往的方法。随后，我发现了一个怡然自得、喜欢聚精会神的自己。人心啊，不可测，就像河流的分支一样千变万化。我听到了自己内心深处的呼喊，感受到了自己对品味时间、欣赏花卉、感受生活的向往。脱胎换骨的重生，真是不错呢！

◎生活也好，人类也好，都是现在进行时

如果您在这100天里实时追踪了我的汇报，可能会有这样的想法，例如"如果是我的话就不需要这个了""我想早点儿把那个拿出来"等。很高兴您能跟我一起直面简单生活带来的挑战，我也很想倾听您在心里选择的100件物品是什么。

我想，1000个人的眼睛里有1000个不同的生活必备100件物品清单。不同的结果是理所当然的，每一份不同的清单，都映

射着清单主人的风格。就算是对我自己来说，如果迎接挑战的时间和季节有所改变，最终拿出的清单阵容也会完全不同吧。生活和人类都是现在进行时，没有绝对正确的答案可言。

因为每一份清单都充满着主人的个性，我倒是真的很想借鉴一下别人的 100 件物品清单。说来，我身边还真都有些人在清单里放了陶器。

◎前80天姑且乐在其中，之后愈发吃力起来

虽然本来就是自己拥有的物品，可是在受限的生活里一个一个取出来的时候，每次都像收到了礼物一样开心。开始这个挑战以后，开心的程度仿佛每天都在过生日。但是过了一段时间以后，这种欣喜突然就消失不见了。

现在，我有机会从身边成千上万的物品中筛选出几十个精兵强将，并跟它们并肩作战。而后我很明显地感到这种生活跟以往那种被物品包围却又对它们熟视无睹的生活不同，连每个物品散发出的气息都不一样了。每当我走进家门，它们好像都把目光投向了我。这是一种彼此之间的心灵交流，是一种彼此之间的以身相许。如果继续增加物品的件数会怎么样呢？我能对它们负责吗？我能继续负担大家的薪酬吗？竟然自己也会遇到这种类似于霸道总裁的苦恼。拥有的责任，要比想象中沉重得多。

◎欲求，原本是非常需要能量的行为

我又好好考虑了一下，为什么突然失去了对增加物品的乐趣。原本，我就是懒得每天都考虑应该选择什么东西的人。只要选择，今天的生活一定要比昨天更方便。但是没什么想要的呀！在获得生活便利之前，我已经因为选择感到了疲倦。以前，可以漫不经心地在网上随意购物，那些日子里我从没有过这种情感。网上购物的时候不用花费太多心思，也没有这么大的压力。

在这场对简单生活的挑战中，我几乎每天都在烦恼应该选什么。想也想不清楚，还特别担心选错东西会带来不好的后果。但是没想到，实际上并没发生什么无法忍受的失败（尽管有时候我做出了很任性的选择）。这让我产生了烦恼，也有终点的感觉。只要假以时日，万事皆有答案，这是真的吗？是真的！这样扪心自问的过程中，我更加坚定了这个肯定的答案。毕竟在澄清自己的欲求、做出自己的选择、获得最终的结果的过程里，我们一直在验证自己的选择。由此，我们与所选物品之间的纽带更强了。与其旁征博引地寻找正确答案，不如花时间与自己达成一致。而且，随性买回来的东西跟自己真正的热爱，终究有所不同。

◎抑制物欲的咒语"真的要在100天里用到它吗"

以前的我，想要可爱的衣服，想要有趣的耳环，想要崭新的文具，总之就是什么都想要。我总是怕一旦错过了这一瞬间，也许再也没机会拥有它们了。但是在经历了简单生活以后，我的物欲在某种程度上沉静下来了。

直到现在，当我下意识地把什么拿在手上准备购买的时候，都会停下来问问自己："100 天的生活里，在第几天才会用到它呢？"一旦有了这样的想法，购买欲就好像没那么强烈了。当然，如果我坚信自己可以长久地喜爱，同时能做好物尽其用的管理时，还是会正常入手的。也许很多人已经自然而然地实现了这样的购买原则，也许只是我后知后觉。

如果有 100 件物品就能满足日常的生活，那么我拥有的物品中有 90% 都失去了意义。很明显，我的管理能力实在令人担忧。好在，我终于找到了让自己在购物时冷静下来的方法。

◎简单生活让人生变得简单

这个标题，看起来有点儿语病。其实并没有能让人生变得简单的绝招，人生没有捷径可言。而且，极简主义是一种充满美感的生活方式，绝不适用于那些想逃避生活的人。但是，这个简单生活让人生变得简单的说法，也不无道理。

因为东西少，所以选项少，这让我们避免了很多搭配和整理的烦恼。

因为没有碍事的东西，所以打扫变得异常轻松。最重要的是，再也不需要努力回忆某件物品到底放在哪里了。

因为省下了很多时间，所以可以更专心地面对工作和兴趣。

自我反思，方知让自己疲惫不堪的人竟是我自己。珍藏着无关紧要的东西，爱着永远不会再穿的衣服和来路不明的礼物。为什么不停下来，先认识一下自己的处理能力，然后再创造出适宜自己生活的环境呢？这，才是简单生活的灯塔吧。

◎简单生活提供了一次让人生清零的机会

我可不是为了重启人生才兴致勃勃地挑战简单生活的。但是，结果的确是重启了自己的人生。在一件一件地拿回自己的物品时，心里真的萌发出"啊，我又开启了崭新的人生"的念头。

我重新认识了冰箱的作用。因为拿到剪刀而开怀。明白了自己喜欢安静的夜。感性神经在身体最坚硬的部分冒出萌芽，每天都沐浴在刚出生的感觉之中。我经营了这么多年的生活，在这段日子里反复经历土崩瓦解，然后又反复从脚底笔直地重生起来。每一次回望过去，都能看到有些不知何时偏离了生活重心的部分，在无形中给自己造成了障碍。

初生的自己对生活的诉求是什么？想追求什么样的生活？自己的轮廓和生活轮廓究竟是什么样子的？我觉得，在简单生活以外，一定也有可以重新开启人生的某种方法。只要找到，我们就能易如反掌地随时重启自己的人生。

◎赠予比获得更加快乐

简单生活的最后一天是圣诞节。在经历了每天只能选择 1 件生活物品的日子以后，给家人挑选圣诞礼物的事情使我变得格外开心。把千挑万选的可爱睡衣和蓝色头盔藏起来，千万不能让孩子提前找到。藏起来以后，还要时不时地偷偷看一下，别暴露了才好。

我本来就喜欢送人礼物，这一点并没因为疲于挑选生活物品而改变。而且在挑选礼物的时候，我想到自己可能并不是因为要做出选择而感到压力，而很有可能是被自己的欲求搞得筋疲力尽。

因为喜欢送人礼物，不管多懒都得出门，也不会取消出门买礼物的计划。但是现在，我不断强调着自己要学习简单生活的风格，要精简身边的东西，却强行把东西塞到别人手里……这样做合适吗？虽然嘴里说着"您怎么喜欢怎么用"，可我并没真诚地去感受对方的心情。换位思考一下，其实我也不太会扔掉从别人那里得到的礼物。有时候我不太了解对方的喜好和品位，也会买些食品和洗手液作礼物。但是，用光以后的空瓶子也终究会成为对方的负担吧！希望自己不要一味沉迷于"为别人选礼物"的盲目快乐，别伸手送出不负责任的"惊喜"。

◎想要获得的心情，是对理想的祈愿

只是每天都要直面自己"欲求"的 100 个日子，最初的"想要"，是真真切切的。那些无外乎是一些身体疼痛、寒冷、指甲生长等感觉，与其说是理性的判断，不如说是身体里发出的呼唤。后来，渐渐地，我找到了能让日子更平稳顺利的规律，然后开始理性地选择需要的物品。也就是说，我的选择从身体诉求过渡到了心理诉求。

特别有说服力的例子是我决定拿回花瓶。花瓶不能用来吃饭，也不能让身体休息。尽管如此，我还是想要花瓶。我觉得有花瓶的日子才是生活。如果脑袋里只想着如何让生活更加方便，也许有朝一日会厌倦所有一切高效便捷的物品。

迎接回来的每一件物品都将成为生活的一部分。对事物的期待，映射出心中理想的生活方式。我知道自己的思想还远远没有达到应有的高度，但姑且让自己永远怀揣理想吧！

◎舒适感是人类共同的诉求

虽然有陶器，但是没有包包。虽然没有电饭煲，但是有电子锅。有人可能会问，你这是什么选择？但这就是因人而异的事情吧。所谓生活的舒适感，不就是见仁见智吗？

就像是为开始独居生活的年轻人准备新生活套装一样，怎么可能有完美匹配每一个人的套装呢？如果完全模仿别人的生活，或者秉承"相信他／她的话肯定没错"的理念，就难免迷失自己的生活。

环顾四周，身边还有很多其实根本用不到的东西。虽说有备无患，但也应该在合理的范围内"适可而止"。我觉得自己应该摒弃一些理所当然、什么都留几天的想法。从现在开始学着享受属于自己的定制人生吧！

◎日常使用珍贵的物品可以提升幸福感

在这段生活中，我陆陆续续选择了一些生活必需品，无形中规划出了每种物品的重要排序。例如盘子。你是否以为生活中使用频率最高的盘子是自己最钟爱的那一款？事实并非如此！最常用的往往是打碎了也不心疼的盘子。

因为可以选择的数量有限，所以最终敲定的那个"它"，一定给你带来了心动的感觉。于是鼓起勇气，大胆地去用吧！损坏了如何？弄脏了又如何？如果永生不见天日，又何谈喜欢呢？

这样选择的结果，让我每天都在重温"人生若只如初见"的美好心情。每天可以使用重要的东西，就是在对自己说："今天也是值得珍惜的一天。"

◎家电在不同季节的重要程度不同

选择家电的那天，生活会发生革命性的变化。像时光机一样的冰箱，具备甩干功能的洗衣机，如果把它们比喻成哆啦A梦的工具，那22世纪的科技就是哆啦A梦的百变口袋。有了这些电器，我好像拥有了操纵时间的力量。但如果被问到哪个的重要性排位第一，答案是要由季节来决定的。

夏天的话，冰箱位居第一。食材的新鲜度流失得太快了。在盛夏时节，对那些平时不太需要放在冰箱里的水果和蔬菜也不能掉以轻心。要是没办法给食物保鲜，肯定每天都要奔波于各种菜市场。但是到了冬天，洗衣机会变成家电之王。小件的衣服虽然可以手洗，但是冬天洗衣服太难晾干了。当然，还有电风扇这种明显是夏季属性的家电，烤箱则明显是冬季属性的家电。

夏天和冬天，重要的东西都会改变。季节影响着我的生活。

◎拿到道具，意味着改造自己的身体

每天拿到1件物品，等于1天增加1个能力。在拿剪刀之前，我没办法好好地剪短什么东西。但是拿到剪刀以后，我就拥有了剪切的能力。物品不只是工具那么简单，物品是我们身体的延长线。有了汤勺，手就会延长，还能捞起滚烫的食物。有了洗衣机，我能一个人洗干净全家的夏装，简直像超人一样。

不能对身边的物品大不敬呀，它们可是让我能力倍增的法宝。

◎但是，能力和技术是不同的

切的能力和切的技术是两回事儿。和剪刀重逢以后，我的开心程度不亚于拥有了"能切开所有东西的力量……"的心情。

但我得到的，与其说是切的能力，不如说是切的权利。能用和熟练使用是两码事。我在得意忘形之中剪短了自己的头发，真是一个败笔。小时候，因为好奇剪过芭比娃娃的头发，原来自己的心性和那时候相比竟然没什么变化。

工具的确可以赋予身体新的力量，但是如何发挥这个力量，就要看自己了。

◎信息决定能否正确使用工具

满心都想着要回点儿什么工具。随之而来的，就是想获得更多的信息。特别是决定用最少的烹调用具和最少的调料做饭的时候，我非常迫切地想要一本食谱。获取信息的方式因人而异，我属于一边上网一边在书中寻求知识的那种人。

现在，身边的所有物品都实现了高度进化，可是即便拥有了它们，我仍然有很多事情不能得心应手。我必须通过大量的信息和练习，才能像操控自己的身体一样自由地操作这些来之不易的物品。而且，我觉得求知欲和好奇心也是不可忽视的基本欲望。为了生活，信息必不可少。

◎曾经无视身边工具真正的妙处

人生，并不是从一无所有开始的。我们从一出生，就被父母和亲人们准备的物品包围其中。随着自己慢慢成长，我也开始学着动手收集和整理。所以说，我们几乎没有经历过"完全陌生"的阶段。

冰箱、洗衣机、牙刷、寝具、锅……无论哪一个都是我们生活里习以为常的存在。我们从没停下脚步，去感受失去这些东西时的不便，和重新拥有它们时生活的焕然一新。我们吝啬于对这些小东西表达感激，也从没在意过它们各自固有的使命究竟是什么。这可太令人吃惊了。也许我们已经习以为常，见惯不怪！可是你知道吗？生活的充实和幸福，可能就悄悄地隐藏在身边这些物品中。

◎忘掉了，每件物品拥有的"快乐感"就沉睡了

三分钟热度的我，觉得物品的保质期就是自己感到厌倦的时候。新买的衣服、新换的室内装饰，这些曾经一见钟情的东西，也难免在一个月后被平淡无奇的生活同化。

可是，只要短暂地离别，重逢时仍然可以再次感受到初见般的欣喜，这种欣喜能够直击心灵。这种欣喜，到了 100 天后还没有消失。我喜欢冰箱，喜欢指甲刀，喜欢全身沐浴露！我很惊讶自己怎么没有再一次三分钟热度。

很有可能，我三分钟热度的本性没有消失，说不定只是隐藏了、朦胧了。房间里有太多的东西，脑子里有太多的信息，选择和结果都转瞬即逝，如白驹过隙。可说到底，让这些问题出现的主要原因，还是因为我忘掉了曾经在物品身上获得的那种喜悦了吧。

有时，遗忘不是坏事。有些东西就是从来都不会想起，但永远也不会忘记。偶尔怀念一下初见时的欣喜，然后感怀一下消融在时光里的结束。如此，足矣。

◎对物品有了责任，才终于意识到环保

我想保护地球。虽然有这样的想法，但我觉得自己的生活还没有很好地与可持续发展紧密相连。特别是最近这几年，家里的人口增加了，在生活用品不断新陈代谢的过程中，有一个满心都想环保、却始终置身事外的自己。身边尽是塑料袋、塑料瓶。不想让随身行李太重，所以什么都想到了目的地之后重新购买。用完以后，重新再买。

当我尝试着拉开和物品的距离，生活貌似开始了新的篇章。

东拼西凑地开始简单生活，渐渐地意识到曾经的自己有多么浪费。于是我开始珍惜每一个物品，告诫自己往后余生不要再过度消费、过度消耗了。不用保鲜膜。把厨房纸换成可洗的非一次性款式。如果想长期使用，就不去选择特氟龙加工的不粘锅。

原本，环保的本质就不是限制或减少，而是与身边的物品和谐共处，创造舒适的生活。所谓的可持续发展，就是站在这个出发点的延长线上。

◎物品召唤物品

整整 100 天，我都没用到保鲜膜，这是因为没有微波炉。不需要衣架，只穿一双鞋子，其原因是衣服很少。好像物与物之间，存在彼此召唤的能量。

为了收纳更多的物品，买回更多的收纳用具！我相信很多人都有这样的经历。例如我家，就有很多用来盖盖子、装盒子、贴便签的工具。结果，东西越来越多！可能世间就是有这样不成文的法则。我可以用 100 个物品度过 100 天的生活，是因为手里的物品没有继续呼唤其他物品。如若不然，即便可以使用 1000 个物品（倒也不是说 1000 个有很多），怕是也会继续召唤来另外 500 件物品吧。

物品亦如此。究竟是我们需要物品，还是物品需要物品？我们不妨静下心来想一想。

◎生活是由物品组成的？

我认为"生活是由物品组成的"和"生活不是由物品组成的"，这两种说法都对。放下所有一切，在什么都没有的房间里感受时间流逝，那种感觉好像自己都被掏空了。物品俨然已经融入了我们的人生当中，脱离它们仿佛丢失了自己的一部分。制作工具、使用工具、与工具共生，这就是人类之所以成为人类的原因。

另一方面，一旦习惯了什么都没有的生活，就会觉得这样也能活下去。而且能进一步体会到心里涌出身轻如燕、了无牵挂的轻松感。我不属于任何物品，四大皆空。格局打开以后，心里莫名涌出很强大的自信，相信自己可以依靠自己活下去。从一场简单生活里走过，我认清了两种截然不同的本质。

◎可以管理的数量十分有限

我喜欢购物，也喜欢收集小东西。新款超短裙让我爱不释手！什么时候穿？怎么洗？即便心有疑虑也想收入囊中。同样，我也喜欢便于使用的工具，厨房里不知为何有两个同样的搅拌机。好像有一个是因为商场在做促销，所以我就抱回了家。然后只用了一次。我和多余的那台搅拌机面面相觑，不想用，但不知道怎么扔（查了一下就知道，但是不想查）。所以直到现在，它还被放置在架子的深处。这样的事情不胜枚举。

我不想一口气把不用的东西全部扔掉。因为还都没来得及创造一起出场的回忆。但是作为一个非常客观的事实，我清楚自己的管理能力比自己的想象要小很多。如果我的脑容量够大、管理能力超凡，恐怕多留几件物品在身边也无伤大雅。

可是在这次验证的过程中，我发现只有减少数量，自己才可以用心去爱。而且只有这样，热爱的心情才有可能长期持续。很有可能，今后我也会买点儿不太会用到的东西。但我会时刻提醒自己，别忘了有限的管理能力和爱的能力。不能说改就改，但是我愿意一点点地去尝试。先把家里的收纳空间减小一点儿。毕竟我是个意志力薄弱的人，先收拾出一个适合自己的环境再说。

◎谁说一定要成为极简主义者

简单生活很棒。可我直到现在都还没下定决心走上极简主义的道路。极简主义者的想法很酷，我完全不会否定这种想法，相反，今后会继续憧憬极简的生活。我特别想把极简的精髓搬到自己的日常生活中。可是，从性格上来说我就不适合。除此之外，开始的时机是否成熟、身边的环境是否具备等，都限制了我们是否可以成为极简主义者。我相信在天时地利人和的时候，大家都能成为极简主义者。但这并不意味着拥有是一种错。

在这 100 天的生活里，我感受到了五彩缤纷的生活。比起减少东西，我认为决定逐一放手的方法更加可行。我应该重新审视一下自己身边的环境，然后一点点地放开那些不需要的东西。

　　不管是极简主义者还是有仪式感的生活，这些都顺应时代的潮流被贴上了"那样的人"的标签。我非常讨厌这样的标签，为什么要接受别人的品头论足呢？与其在意别人的目光，不如牢牢抓紧自己生活前行的缰绳。

　　为了挖掘出早已被埋没多年的感性，我得找一找跟以往生活方式截然不同的东西，眼下正是开始的最好时机。看起来，好像我嘴里倡导极简主义，但是并未身体力行，但实际上并非如此。我觉得越是对极简生活感兴趣，越是应该挑战一下这种极简生活的方式。

结束语

通过每天增加 1 个物品的生活，我不仅看到了新的生活方式，更认清了自己以及时间在人生当中的本质。生活、自身、时间，这三者是分不开的，或许这三者原本就是相同的。爱生活就是爱自己，珍惜时间就是珍惜生活。

与当初的设想相比，这是一次更大的挑战。感谢各位与我一起经历了这次生活大冒险。

最后，借此机会向参与本书制作的所有人表示感谢。设计事务所的 Marusankaku 先生亲手设计的装帧风格，兼顾了质朴和时尚；DTP 的荒木先生从头到尾都在与我沟通修正细节；丰福先生在很短的时间细致地对文稿进行了校正；SINANO 书籍印刷株式会社出版社最终让这本书以实物的形态出现在了这个世界上。FLAG 的佐原先生和 Sunmusic 的木南先生在听闻我"除了给电影写评论之外，还超级想自己也接受挑战"的愿望以后，坚定地支持了我。出版社的杉浦先生在接到我的书稿后，郑重地告诉我会帮我出版发行。也同样是杉浦先生，帮助我起了这样一个有趣的书名。真的很感谢各位。

虽然和编辑杉浦先生沟通了多次，但在一次也没有直接见面的情况下完成了这本书。这真的有 2021 年的工作风格！从挑战到投稿，再到出版发行，我一直都窝在家里。也就是说，这是一本诞生在我日常生活里的书。

如果这本书能丰富读者的时间，让大家增加与生活对话的契机，我会非常开心。

希望我们今后都能够经历愉快的旅途。

2021 年 12 月

藤冈南